拨开成长的迷雾

张翻番　著

新华出版社

图书在版编目（ＣＩＰ）数据

拨开成长的迷雾 / 张翻番著 . -- 北京：新华出版
社 , 2023.5

ISBN 978-7-5166-6817-7

Ⅰ . ①拨… Ⅱ . ①张… Ⅲ . ①成功心理－通俗读物
Ⅳ . ① B848.4-49
中国国家版本馆 CIP 数据核字（ 2023 ）第 084077 号

拨开成长的迷雾

作　　者：张翻番

责任编辑：徐文贤　　　　　　　　　　封面设计：吴　睿

出版发行：新华出版社

地　　址：北京石景山区京原路 8 号　　　邮　　编：100040

网　　址：http://www.xinhuapub.com

经　　销：新华书店、新华出版社天猫旗舰店、京东旗舰店及各大网店

购书热线：010-63077122　　　　　中国新闻书店购书热线：010-63072012

照　　排：北京贝壳互联科技文化有限公司

印　　刷：天津和萱印刷有限公司

成品尺寸：170mm×240mm　　1/16

印　　张：16.5　　　　　　　　　字　　数：237 千字

版　　次：2023 年 7 月第一版　　　　印　　次：2023 年 7 月第一次印刷

书　　号：ISBN 978-7-5166-6817-7

定　　价：98.00 元

内容提要

也许你刚刚毕业离开学校，对未来既憧憬又迷茫；也许你踏入职场不久，却茫然看不到方向；也许你已步入职场多年，却感觉危机重重；也许你似乎已找到人生方向，却总是被负面情绪困扰……人生路漫漫，每个人都渴望快速成长，但却总是充满了迷茫，如果不能更新你大脑里的认知、改变做事的方法，只靠你现在按部就班的努力，是无法实现人生突破的。

本书是作者张翻番结合他本人不断进阶的求学经历、在华为公司的成长经历以及北大光华管理学院课堂所学，总结出来的个人成长的心法和方法，凝聚了他从平凡学子到北大 EMBA、从应届新生到领军人物、从农家子弟到业界精英的心路历程和成长心得，为你拨开成长路上的重重迷雾。

本书内容一共分为三个篇章：第一篇章，帮助你如何在职场快速成长，换个视角、换个方法，你会有恍然大悟的感觉，让你的工作事半功倍；第二篇章，帮助你如何找到属于自己独特的财富密码，实现跨越式成长；第三篇章，帮助你如何远离负面情绪，打造正向能量场，构建终身成长的内心世界。

| 目 录 |

前　言

三个小故事

我想先讲三个我的小故事。

一、工作的瓶颈

2008 年从中国传媒大学本科毕业后，我有幸直接进入华为公司工作。华为真的是一家非常适合我的公司，我出生在贫苦的农村，因此我认为只有靠奋斗才能改变命运，而华为的核心价值观就是以奋斗者为本，所以在这方面彼此价值观高度一致。

我在华为公司的成长也非常迅速，十年的时间，我达到了大多数人十五年甚至是二十年才可能达到的高度。入职后刚转正我就开始担任团队 Leader，连续两年获得金牌个人的荣誉，仅三年多的时间我就成为基层模块主管，此后基本上是一两年一个台阶，第十年获得了中国地区部"领军人物"的荣誉。

前面十年，虽然经历了很多坎坷痛苦，但总体来说这是一条一直向上的路。然而到了 2018 年，我却发现了一个严重的问题，我比绝大多数人更早地迎来了职业生涯的瓶颈期。按理说在华为公司上升的路是很宽的，但是因为很多更高职级的岗位对于海外经验的要求是一个硬性条件，因此留给我的路几乎只剩下一条，那就是出国去。对我个人来讲，在华为公司这个又大又好的平台，没能在国外工作过，其实是一件非常遗憾的事情，虽然我曾经出差去过海外，但是并没有感受到真正融入世界上另外一种文化中去的体验——然而因为家庭情况已经不允许去往海外工作了，这时，我迷茫了。

那时候我的工作地在西安，离我办公地点不远的地方有一个很大的书店，我和爱人经常带儿子去那里看书。因为对未来感到迷茫，所以我翻阅了大量关于"财富自由"这个话题的书，在这个过程中，我对财富的认知渐渐发生转变。我突然发现我之所以走到这个迷茫的境地，不是因为我没有去过海外，而是我对工作这件事的认知出现了偏差。比如，对于我多年后的工作结果，有两个可能的推演：

第一，如果我和大多数人一样，在公司把进步的速度慢下来，我应该就会在十年以后遇到迷茫。

第二，如果没有海外经验的限制，我可能会在公司继续努力奋斗，然后在十年后遇到迷茫。

你看，即便在大多数人的眼里，我的工作是多么的出色，我进步的速度是多么快，我的荣誉是多么难以企及，但是最终的结果，我的职业生涯的结局，将会和大多数人一样，并不会有本质的区别，无非是早晚的问题。事实也是如此，因为成长比较快的原因，我工作中接触的基本都是比我大几岁的员工，他们到了一定的年龄之后，会因为各种原因离开公司，我见到了很多陷入这样处境的同事，他们在事业上基本很难再有起色，甚至不再有奋斗的动力。

在李笑来老师的《财富自由之路》里有一句话，"追求百分之百的安全感，肯定会把自己困在永恒的当下。"你看，其实大平台、好公司又何尝不是糖衣炮弹？如果我把公司的工作变成我视角的全部范围，那就意味着我将被永远困在这个局里。所以，我开始面向未来做出改变。我改变了工作的方法，不再追求所谓的高绩效，而是把在工作中"我有没有变得更好"作为第一标准。同时，我重拾了读书、学习、写作和思考的习惯，把"提升自己"放在更高的位置上。

所以，回头看我的这段经历，我遇到了瓶颈，说明我做错了一些事情；

我进步得很快，说明我做对了一些事情。错的方面，是我对"工作"这件事没有足够清醒的认知，这是因为过去的我一直缺乏高维的视角。现在我也想请你换个视角，你可能也会有恍然大悟的感觉。我将做成事情的关键方法总结出来，希望可以帮你达到事半功倍的效果。

二、自我的迷失

我从小学习成绩就很好，在村里的小学上学时，我基本没有考过第二名，中考时我考上了全市最好的中学——天门中学，那一年天门中学在我们全校只录取了 19 人。总体来说，我一直都是家长眼中的别人家的孩子。

然而到了高中，远离了父母，我突然变得不优秀了，高一开始我的成绩就一落千丈，以至于高考我考了个寂寞，直到通过复读才在第二年考上了大学。这期间到底发生了什么？我想也许是青春期到了，也许是这么多年毫无目的的学习让我厌烦了，总之，我在高中阶段不合时宜地开始了不认真上课以及逃学。不上课的时间，我的精神远离了现实的课堂，似乎沉浸在了一个自己虚拟的世界里，我在课堂上读了很多闲书，包括武侠、言情、青春文学……

在这个虚拟的世界里，我把很多的时间用在"空想"上，那时候没有手机，学校也看不了电视，我一个人校内校外地走，就这么一直走，一边走一边思考着人生的意义……

站在当时看，这段经历必然是我人生中的灰暗时期，我所谓的灰暗时期，就是那些你做着和大多数人不一样的事情，而你既不成功也不厉害的时期。那些日子里，没有人理解我，父母不敢说，同学不敢问。

这一篇我谈自我的迷失，我并不是想谈成绩变差这件事，我想谈的是成绩本身到底意味着什么？那时候我从好学生变成差学生，成了班主任眼中的叛逆者，经常被约谈。班主任有一句话我至今印象深刻："你成绩变得这么差，怎么还好意思玩？我从来没见过一个农村来的孩子像你这么玩的，你有什么资本这么玩？"

我内心在问自己：我活着就是为了"成绩"吗？

我觉得大学的时光可能是人生中最好的时光，我们没有太大的生活压力，而且真的不用再那么在意成绩了，可惜的是很多人把这美好的时光浪费在了游戏上。白岩松在广院五十周年校庆的时候说："我真想把在广院这四年再过一次。"我深有同感，真怀念那些在校园里自由自在、无忧无虑的日子。

美好的时光总是短暂的，毕业之后要面临的就是何去何从，考研还是找工作？没有人教我，也没有高人指路，我在迷茫中什么都不想放弃，我先考了本校的研究生，然后开始找工作，拿了四五个 offer，终于到了最后做决定的时刻了，结果你们也都知道了，那就是第一个故事的开始，我放弃了读研进入华为公司工作。我为什么会选择放弃读研？很简单，因为我觉得我需要挣钱了。为什么选择华为公司？很简单，因为它给的钱多。后来，就有了第一段故事。

写到这里，我想让你和我一起再重新看第一个故事，这次我们把视角从故事里转移到故事外，做一个旁观者，就像看电影一样。

你看电影里那个看起来如此优秀的人，他正在为了挣不到更多的钱而百般苦恼，他吃饭睡觉都在考虑挣钱，甚至要为此考虑离开家人远赴海外，他连读书都是读财富自由类的书籍。

看到这一幕，你有没有想起电影《大话西游》结束时的经典台词："那个人样子好怪。""我也看到了，他好像一条狗。"

你发现了吗？不管是工作前还是工作后，不管是清醒时还是迷茫时，电影里的那个人，做选择的依据是什么呢？"钱"。

我思考的问题是：我活着就是为了"钱"吗？

其实你也可以回头想想，我们从小就开始上学，小学、初中、高中、大学一共要学十六年，学完之后绝大多数人接下来就是找一份工作，然后上班、挣钱、结婚、生儿育女，日复一日。

前十六年，我们为了"成绩"，后六十年，我们为了"钱"。"成绩"和"钱"，这两个东西，好像把我们的人生绑得死死的。

可是，谁规定我们的人生就一定要这样活呢？我们如此程式化地走这趟流程，到底来干什么？

走了很多路，读了很多书我才明白，你越是追着钱去，钱反而对你爱答不理，你越是真正活出自己，钱反而会朝你奔来。

我们什么时候能真正为自己活一次?

三、成功的误区

我时常回忆起小时候在农田里的场景。讲两个印象比较深的,一个关于黄花,一个关于棉花。

黄花这种植物需要在含苞初放之时把它摘下来,然后用硫黄熏了,再让它经过两三个大太阳晒干才能拿去集市卖掉,它的花期很短,一般在午后开放,第二天午前就会凋谢,它将开未开的时间也很短,正好在下午两三点钟,再晚一点它就开透了,不能卖钱了。

两三点钟的太阳正毒,下地的时候,妈妈通常会让我们穿上长袖长裤,戴上帽子,捂得严严实实,穿长裤是因为黄花的叶子很细很长,两路黄花之间又很密,所以双腿走在黄花地里很容易划伤,而且黄花地里不知道会有什么伤人的动物,所以鞋子、袜子、裤子都必须穿得实实的;穿长袖、戴帽子主要是为了防止晒伤。摘完黄花,我们在地里摘两个香瓜,或者买两个西瓜带回去,一家人坐在后屋的门口,一边乘凉,一边吃瓜。

棉花与黄花不一样,棉花是我们最主要的农作物,那时候通常满田满田的都是棉花,所以摘棉花是个花时间的活儿;另外棉花是要在它开得正好的时候去摘,而且它的花期要比黄花长很多。

我们通常天不亮就要到地里去,然后一忙就是一整天。所以很小的时候,我就见过早上田间的露水,见过它们随着太阳升起而慢慢消失的景象;我也见过寄生在地里的昆虫,见过它们随着我的到来而慌乱逃走的情景。农忙时节,早上出门我们就会把午饭带上,到了中午,我们一家人就在田埂上或是田边找一处阴凉,几个火烧粑,几碗焌米茶,就是一顿美味的午餐。晚上,就到了剥棉花的环节,那时候晚上不像现在总是灯火通明,经常会停电,没电的时候,我们一家人就围坐在煤油灯下剥棉花,听爸妈讲讲村里的新鲜事;要是来电了,就围在一起看电视,虽然那时候的电视台只有一个油田电视台,但是我们却看得津津有味。

不管是黄花还是棉花,我所讲的只是农活里的一个很小的缩影,比如一株棉花的生长其实非常麻烦,摘棉花、剥棉花已经是比较靠后的活儿了,早期需要从制作营养钵开始，再经过播种、打药、防虫、整理枝芽、浇水、施肥等一系列的劳动，才能长大成熟。所以，其中的辛苦可想而知。

小时候，虽然日子很艰苦，但那个在农田里干活的我是快乐的。这么看，幸福其实是很简单的事情。然而，我并不是要标榜贫穷和苦难，我要说的是，即便在艰难困苦的日子里，我们也可以获得幸福。

但是，生活毕竟不是童话，我家遭遇过太多贫困的苦，每当到了要用钱的时候，家里就会鸡飞狗跳。记得初中的时候，有一次学校要收200块钱的一个什么费，可能是由于事发突然，我回家要钱时，父母都犯了愁，经过一番争吵，最后父亲去亲戚家挨个借钱才搞定。我考上大学时，一年的学费加上住宿费一共7000元，这笔钱对我们家来说几乎是个天文数字，如果不是助学贷款，就凭我们家那时的条件，我根本就上不起，最终，家里也只凑齐了700元，让我至少先入了大学的门。

工作后，我开始赚钱了，衣食住行不成问题，2015年我决定上北大光华读MBA时，花掉了26万，2020年我再次进入北大读EMBA，又花掉了70多万的学费。这都不是小数目，但那时的我已经可以负担得起。

能够有机会坐在北大的教室里，这当然是让我感到很自豪的事情，借着MBA游学的机会我还去了伯克利大学，也去领略了斯坦福大学的校园风光，这都满足了我对校园的梦想与执念。但是，我也不是要标榜富有和自由，你要看到，那个同时期的第一个故事里的我，还是在痛苦着、挣扎着、迷茫着、焦虑着，而这些负面的情绪甚至占据了我当时生活的底色。

不仅我是如此，在学校上课时，我曾和一个企业家同学私下聊天，他谈到疫情让他的生意几乎无法持续，收入进项少了，但是员工的工资要发、公司的房租要交，每个月净亏损几十万甚至上百万，他几乎天天睡不着觉。

事实上，有钱人的烦恼远不止如此。在课堂上，很多教授引导讨论经营企业有没有遇到挑战时，一众企业家讲了很多难处，有一个私营企业的老板说有一笔官司打了三年之久，有一个销售总监说起自己遭遇了内部排挤，有女企业家说起自己大龄单身，无法平衡事业与生活……

很多人以为有钱了就一定会幸福，但现实是钱对幸福的影响是有限的，没钱有没钱的痛苦，有钱有有钱的烦恼。

　　从我们的成长经历看，如果财富是一条增长曲线，那么烦恼就是一个伴随着曲线的圆，这个圆的大小与财富曲线值的大小几乎没有关系，有钱的时候甚至可能烦恼更大。

　　哈佛幸福课有一句名言：成功不是幸福，幸福才是成功。很多人把财富当成人生追求的目标，但是如果只有在财富的巅峰值你才会感到幸福的话，那么你的一生都将痛苦不堪，这便是成功最大的误区。

　　所以，只有让你的内心世界保持平静，学会终身成长，才能在人生的幸福中获得真正的成功。

　　祝您阅读愉快！

张翻番

2022 年 12 月

第一篇

如何在职场快速成长

第一章 换个视角，恍然大悟

重新认识上班：人是怎么变得平庸的

有一年，公司从业界招来了一个IT大咖，担任我们这块业务的全球技术总监，因为他读过博士，我们都管他叫程博，这一年他42岁，而就在他入职的同一天，我的部门一个42岁的员工被公司辞退，晚上吃饭的时候才知道，他俩竟然是大学同学。

这个现象引发了我的思考，同样是22岁从大学毕业，为什么二十年后，两个人的差距变得如此巨大？不仅如此，还有一个司空见惯的现象，我们很少注意，那就是：不管什么年龄层，像程博这样能够走到巅峰的人是极少数，绝大多数人在职业生涯的中后期，都将成为一个普通人。如果没有一些契机引起你对生活的思考，或者思考后没有改变，那么极有可能，你也将成为一个普通人。

人是怎么变得平庸的

公司的人力资源部门，一方面不断引入业界各种优秀的专家，一方面也在优化用工模式、交付模式来降低成本。你是希望被引入，还是希望被优化？

在思考这个问题的过程中，我想到了很多答案。从规律的层面看，有人优秀，有人落后，这是一种必然现象，就像考试，总是有人分高，有人分低，最终形成一个正态分布。但是从个体的层面看，一个人没有走向巅峰的原因，到底是什么呢？不够努力、选错了平台、错过了机会、信息封闭等，都是可能的原因。但是我想，这些原因可能都是表象，那么深层次的原因是什么呢？

因为职场首先仍然是市场，市场的本质是价值交换，职场也是一样的，那些在求职招聘的网站或者 App 上发布的岗位，每个岗位多少钱一个月，和菜市场的白菜萝卜多少钱一斤，本质上没有区别，和商场里摆的黄金珠宝多少钱一克也没有区别。

正是对这个本质的问题有着不同的认知，才导致了结果的差异。如果用"打工思维"来思考，你就会认为，你每天的工作都是为了完成公司的任务，你花了 8 小时或者更多的时间把任务完成，然后公司给你发工钱，这就是典型的出售时间的思维，也是绝大多数打工人的逻辑，所以绝大多数打工人，最后的结局就是平庸。

还记得那个高速路上的收费员吗？当她在 36 岁被 ETC 取代的时候才发现，她的青春都交给收费了，其他的啥也不会，也没人需要她，年纪大了，也学不了什么东西了。

公司存在的目的是为了什么？是盈利。怎么实现盈利？就是花更少的钱干更多的事，所有的公司都在思考如何降低用工成本，用 ETC 取代人工，被取代的人就面临着失业，至于你失业后去干什么，公司没有这个义务替你操心。

如果用打工思维工作，就要做好面对中年危机的准备，因为在打工思维的思维模式下，你的时间的总量有限，这将成为一个致命的矛盾点。

什么是中年危机？人到中年，你的生活将发生翻天覆地的变化，因为你不再是个孩子了，你将替代你的父母成为家里的顶梁柱。你将面临如下局面：

1. 上有老，老人老了，身体机能下降，生病需要照顾在所难免。
2. 下有小，小孩还小，要长身体、学知识，还要教会他成长。

3. 家里每个月都有房贷、生活费等固定的开销，如果你没有积累，每个月都得有钱进账才能支付这些开销。

4. 因为一直在出售时间，你不得不继续出售时间来挣钱，所以大量的时间还是要投入工作。

5. 年轻人的精力比你的精力充沛。

6. 新的技术在不断发展，不断取代各种各样的脑力劳动和体力劳动。

正是因为每一天，你都有无数新问题要去面对，有操不完的心，这都需要时间。而在打工思维下，你又没有办法将一份时间变出很多份，面对这种情况，如果你还想变得不平庸，那几乎不可能。

用创业思维打工

如何才能避免变得平庸呢？那就要换一种思维方式，用创业思维来打工。你想想你每天工作是为了什么？你不是为了完成公司的任务，你只是为了你自己获得收益。你自己就是一家公司，这家公司正在出售"你自己"这个产品而获得收益，而承载着产品价值的不是你的"时间"，而是你的"能力"。

你公司的总经理拿的工资为什么比你高？不是因为他出售的"时间"比你长，而是他的"能力"比你强。你们不是"白菜"与"更多的白菜"的区别，而是"白菜"与"黄金"的区别。你想要拿到更多的钱，得别人愿意花更多的钱买你，你就需要把自己从"白菜"变成"黄金"。

"白菜"变成"黄金"可能吗？当然可能，因为总经理也是从"白菜"起步的，进入职场，每个人一开始都是一棵"白菜"，但是有的人能力在成长，有的人能力没有成长，于是就有了"黄金"和"白菜"。有的人成长得快，就早一天成为"黄金"。所以，一切工作，都应该只是为了你的能力成长。

明白了这个道理，那么我们可以思考一下这个问题：提升能力是为了工作？还是工作是为了提升能力？

如果你转换为创业思维，那么，一切的工作都是为了提升能力。

你在职场中要做很多事，所有要做的事情，都要遵从一个原则，那就是这件事必须促进你的能力提升。你在职场中要和很多人相处，所有的人和关系，也要遵从一个原则，那就是这些关系必须帮助你提升能力。

我见过有的人，在一个行政助理的岗位上一干就是十多年，虽然公司认可她的苦劳，给了一些福利，但是这样其实是丧失了很多让自己过得更好一些的机会。我经常举一个例子，就是驴拉磨。驴拉磨也是干活，拉磨很辛苦，但是能力没有提升，不能产出比拉磨更大的价值，当有一天磨用不着了，驴的结局是什么呢？

有的员工很怕被主管批评，躲得远远的，但是主管的批评，不正是帮助你进步的吗？你完全可以有则改之，无则加勉。有的员工陷入同事之间的挤对，一点点蝇头小利甚至只是个虚名，尔虞我诈争来争去，到最后有什么意义呢？我还见过有的员工某次得了一个很差的绩效，从此就消极怠工，对全世界都不满，这样不仅对过去于事无补，而且只会耽误你自己的成长时间，还会影响你未来该挣的钱。

我讲一个自己的故事，因为我的能力还算可以，我经历过的各级主管对我都还比较信任，因为我能把业务搞定，下属也都很喜欢我，因为我能带着他们成长，但是有些跟我一个级别的同事就不太喜欢我，经常各种挤对我，我很困惑，我如何去应对这样的关系呢？有一次碰到一个大佬，他给我的指导很精彩：优秀的人优秀在什么地方，是有一颗包容心。你比他们做得好，他们有情绪，这很正常，你要允许别人释放情绪。但是你自己的注意力，不要放在这上面，这不是一个需要去解决的问题，你只要做好你该做的事情，关注你的能力提升就好了。

当你有了成长的目标，有了努力的方向，只为了自己的成长而努力，那么职场中的一切关系都不再是问题，因为你要去的地方是星辰大海。

如果持续学习，并且在工作中通过不断地"事上练"，提升能力，你在某个领域就可能会成为顶尖的专家，十年后，即使你不创业，公司也会想办法付你更高的薪水留住你，外面的公司会通过猎头来挖你，如果你同时具备专业能力和商业运作的能力，你完全可以自己创业。

创业思维框架下，如何提升你的市场价格

创业思维和打工思维是两种不同的思维，对于你每个月拿到的工资，打工思维认为这是你出售时间的报酬，而创业思维认为这是体现你能力的市场价格标尺。

很多人就躺在工资的糖衣炮弹里，像被温水煮着的青蛙，不再成长或者放慢成长的脚步，因为这笔钱给了你一定的安全感，你上班的时候就在划水、抱怨、焦虑，下班就用各种娱乐来缓解压力，于是，上、下班的时间都浪费了。

明白了工资体现了你的市场价格，那么问题就来了，如何提升自己的市场价格？

经济学理论告诉我们，价格围绕着价值上下波动。想要提升自己的价格，就要关注价值和波动两个因素。

首先，要关注自己的价值。价值是由你的能力和背后的资源决定的，你能给别人带来好处，这就是价值。比如在河边钓鱼的姜子牙，他什么都不做，但他也是有价值的；比如种在田里的蔬菜瓜果，它们也是有价值的；这些都只是还没有被交易，价值暂时无法用价格体现出来而已。

普通人没有背景、没有资源，早期只能靠积累自己的能力，把某方面的专业能力做到领先，在积累能力的同时，想办法为这个世界创造价值。打工是向公司提供价值，创业是向社会提供价值，在提升能力的过程中，想办法整合资源，职场人脉是你的资源，同学是你的资源，创业过程中积累的客户也是你的资源，你的所有资源和能力决定了你的价值。

其次，要关注价格是如何上下波动的，当一个东西，大家都认为它值钱的时候，它的价格就会向上波动，比如古董，它本身的价值并不大，但是因为很多人都认为它值钱，它的价格就会向上波动。相反一个本身很有价值的东西，如果大家都不去买，它就不值钱了，比如有过负面事件的房子，它用来住的属性没有变，价值与其他房子一样，但是人们的心理发生了变化，价格就会向下波动，有人专门做这种不良资产的生意，先低价盘下来，过几年等到大家都淡忘了，再把它卖出去，这就是围绕价值挣价格波动的钱。这

其实是符合巴菲特价值投资的核心逻辑的，价值投资就是找到一个标的，在它的价格波动到低于它的价值的时候买入，波动到高于它的价值的时候卖出。

也就是说，价格的上下波动，取决于人们的心理预期。只要你持续保持价值的正向输出，知道你的人越多，你的名声传得越广，你的价值就会向上波动。所以，一个普通人，不要认为酒香不怕巷子深，不要像诸葛亮一样等着刘备来找，要敢于主动向全世界推销自己，任何时候主动出击都好于被动等伯乐。在工作中，要敢于向上推销，让主管和管理团队的成员们都知道你的能力，你的晋升才会加速。在创业过程中，互联网、算法都是非常好的放大价值的工具，一定要用好，这样才会让你的价格持续向上波动。

所以，想要变得不平庸，那么不断积累你的能力和资源，主动亮出自己的价值，应该贯穿我们整个职业生涯。这才是上班正确的打开方式。

重新认识努力：你只是看起来很努力

2016 年是我工作最辛苦的一年，我几乎全年无休，每天都在上班，并且工作日几乎从来没有正常下班过，经常熬夜到凌晨，甚至睡在办公室，我曾经发过一个朋友圈："在办公室加了一夜班，连续奋战了 48 小时，才发现，日子原来是可以两天两天过的。"那一年，正是我爱人怀孕的一年，刚怀孕的时候，我爱人说，你得要经常陪我散步了哈，育儿专家说孕期爸爸的陪伴能让宝宝更有安全感。我满心欢喜，爽快地答应了，可是这一年的忙碌，直到 2017 年 1 月孩子出生，回过头去数数，好像也就陪了她一次。这件事，在我生命中是一个遗憾。让人意想不到的是，2016 年却是我工作以来绩效最差的一年。

2017 年年中，由于强大的工作压力和精神压力，我曾在办公室晕倒过，被救护车送到医院抢救，仿佛走了一次鬼门关。病愈后回到岗位，我开始反思我的工作方式，这样工作真的有效吗？于是我开始主动去掌控我的工作节奏，为了能够尽量按时下班，我学着去减少我的工作事项，只挑那些重要的工作做，不重要、不紧急的工作尽可能交给别人去做，或者干脆放到第二、第三天去做。我的身体状态渐渐好起来，工作也感到前所未有的轻松，而且2018—2019年，我不仅取得了较好的绩效，并且获得了中国区"领军人物"的荣誉。

对比这几年的工作，我明白一个道理，就是越是到了重要的岗位，越是要知道哪些事情是重要的，"做对的事情"比"把事情做对"要重要得多。如果问自己，2018年做了什么事情让我获得这么高的荣誉，我说我就做好了一件事，就是"用工模式变革"。2016年做了什么事情让你的绩效没有那么好？我想了想，可能就是因为我什么都做，每块工作都抓两下，每块工作又都没有深耕，所以回答不出来我做了什么事情，显得很平庸，所以做得不好。

最重要的事，只有一件。

从当下来说，你是不是经常同时做好几件事，打开工作通信软件，同时微信亮了拿起来看一看，回复着邮件，同事过来说句话写邮件的思路就断了。事实证明，一个时间只专注做一件事情，是效率最好的，也是我们心理体验最好的。

大一点，说到一个岗位，我们的目标也不能太多，要把最关键的矛盾梳理清楚，匹配整体组织的需要，把最需要这个岗位发挥的价值找出来，瞄准这一件事去做，才是工作的正确方法；每过一段时间，我们按照计划实现既定目标，只有自己去掌控时间，掌控工作节奏才会更快地接近目标，达成目标；对于那些不重要的事情，就随它去吧。

再大一点，说到我们的人生，我们想要的总是太多，导致不堪重负，其实人的一生，只要做好一件事，就很了不起了。我们小的时候有很多梦想，想当科学家，想当歌手演员，想去环游全世界；年纪大了想法逐渐成熟，梦想也逐步减少。聚焦做成一件事，才会让我们的人生不留遗憾。

你见过笼子里的小仓鼠吗？小仓鼠在人类设计好的轮子上不停地跑，它做了很多功，可是一直在原地，所做的功也没有产生任何价值。我们看着小仓鼠觉得好玩，一笑而过，殊不知很多时候我们自己就是那只小仓鼠，我们在一个岗位上不停地工作，可是一年下来甚至几年下来，能力没有任何提升，更谈不上获取更多的价值了。我们就像一台没有方向的车，行驶在高速公路上，除了耗油，没有任何价值。

比如快递小哥，很多快递小哥就是按部就班地跑，按单拿钱，可是这样能坚持多久呢？十年二十年后还是继续跑快递吗？而这里面有一部分人，他们在想着如何成为管理快递员的人，或者如何开一家快递公司；还有的快递员，他们在思考如何帮助更多的快递员避坑、如何提高跑单的效率，把这些变成课程经验分享给新加入的快递员。这两种人，他们做到了有目标、有方法、有路径地工作，只有这样不断促进成长的努力，才会有更大的价值。

另外一种小动物三文鱼，他们有许多连科学都无从解释的传奇，它们小时候沿江河湖海顺流而下地生长，长到成熟期，他们需要历经千辛万苦，逆流而上，就是为了到上游去产籽，为了物种的延续而繁衍生息，这种百折不挠的精神令人敬佩。其实，他们正是因为心中有了延续后代这个目标，那么所有的努力都不在话下，所有的辛苦都会变成值得，即便为此付出生命。

明白了这一点，我们就该问问自己，你是在错误地努力吗？

第一步：先看清楚，你有没有方向，你有没有一个想要达成的目标。

第二步：再问清楚，你当前最重要的事情是什么？达成目标最缺的能力和经验是什么？

第三步：努力做好最重要的事，提升达成目标最需要的能力。

现在，从你自以为是的"忙碌"里脱离出来，认真反思一下这几个问题，尝试着改变你努力的方式。

重新认识学习：学而不思则枉费精力

在华为，所有的新员工入职之后都有两到三个月的理论培训，2019年，我参与了新员工的培训结业答辩，印象比较深刻的是有一个新员工小广，去之前班主任就让我重点关注一下，说他每天都是第一个来教室，最后一个离开的，态度非常认真，很多人都找他请教问题。

于是我给予了重点关注。答辩的时候我发现，他确实能够对课件上讲过的知识对答如流，很多知识点都记住了，但正是因为他对某些知识点机械性地记忆，让我隐约感觉他可能只是一个学究，于是我尝试着问了一个问题，你刚才讲到了摩尔定律失效，那摩尔定律为什么会失效？小广愣了一下，他说没有讲过这个知识点，我说是没讲过，但是没讲过不意味着一定不知道，然后我问在场的其他新员工有没有知道的，小刚同学站起来，说是芯片制造技术发展的限制，我又问是什么限制了芯片制造技术的发展？小刚说是晶体管电路逐渐接近性能极限。那为什么晶体管电路会逐渐接近性能极限？是量子在纳米级会无规则跳变导致的。

尽管我并不知道小刚的回答是否绝对正确，但是对于这两个人的学习方式，我却明显倾向于小刚，因为小刚触及到了学习这件事的本质。

学习的本质是通过输入引发思考，正是不断地深入思考，才让我们在某些领域变得专业。

我在当天的总结会上表扬了小刚的学习方式，并同时给新员工做了强调：希望大家都要主动思考问题，每天弄懂一个或者几个为什么，你很快就会成为大家眼里的专家。只要一天弄清楚一个问题，一年就可以弄清楚三百多个问题，人就是这么变得专业的，专业才值钱啊！为什么有的人工作了十年相当于工作了一年？有的人工作一年相当于工作了十年？背后的核心原因就在于有没有通过持续的思考变得深刻、专业。天才少年怎么诞生的？就是他在某一个问题上，问了成千上万个为什么，直到没有人能回答了，只能通过不断地实验、试错才能找到答案。不要担心没有资料，这个世界上99%以上的知识都是有答案的，如果你真正发现了一个还没有答案的问题，那你就离天才少年不远了。

认识到学习这件事的重要性，是很有必要的。许多人以为在学校学了十几年，便可以不用学习了，殊不知进入社会，你面临的是一个更广阔的世界。其实，毕业之后，真正的学习才刚刚开始。工作、生活、投资、人际关系等多方面的挑战接踵而来，如果停止了学习，就只能被动地接受现实的击打。

学习是有方法的，大部分人的学习还只是停留在表面，那些没有被你真正吸收的知识，只是信息。如果只是背了很多信息，就像去菜市场买了很多菜，可是从来不炒，那这些菜就永远成不了你内化的东西。

为什么《论语》说"学而不思则罔"。有人说"活到老，学到老"，又有人说"百无一用是书生"。你就困惑了，到底是学还是不学？其实这两句话都只说了一个侧面，这就需要你去思考，为什么一个要说这个侧面，另一个要说另外一个侧面。

又比如，有人说要活在当下，有人说要活在未来，这两句话都是知识，如果你只是背下来，反而不知道怎么活了。你得想想活在当下是在说什么？活在未来是在说什么？你只有经过思考，才知道该在什么时候运用这些方法和道理。

再比如，有人说你一定要追风口，找到了风口猪都能飞起来，又有人说你一定不要盲目跟风，那你是跟风还是不跟风？如果你不思考他们说这个话背后的条件和逻辑，你就会陷入迷惘。

一个厉害的人，到底厉害在什么地方？如果孔子生活在今天，他所知道的知识从量上讲，可能还不及一个初中生，因为现在初中生知道的绝大多数知识，在孔子那个年代还根本就没有，所以知识量无法衡量一个人是否真的厉害。知识面大一些、小一些根本就是无所谓的事情，人类已知的知识，相比人类未知的知识，不过沧海一粟。这也是我不会给小广太高分数的原因，因为停留在表面的学习，没有用。

所以，一个人真正厉害的，不是知识的广度，而是思考的深度。

学会站在高处，全局思考

再说说新员工的工作方式，在新员工进行答辩时我就发现，大部分新员工对周边同事的工作职责不熟悉，即便彼此同属一个模块也非常陌生。他们刚入职的时候，我就强调，新员工一定要对公司的业务有全面的理解，各个大部门之间是怎么协调分工的，本部门在公司起什么作用，对什么结果负责，搞清楚这些之后，才能开始具体工作内容的学习和实践。

面对答辩时出现的问题，我觉得很遗憾，我给他们讲：刚进入一个公司，就像是很多人同时走进了一座迷宫，现在允许你们站在高处看一下迷宫的全貌，允许你们带上一张航拍图，你的同伴看了，你却不看，非要自己闷着头往前走，你会比你的同伴走得更快吗？谁又会先走完这个迷宫？可见，如果你只关注手上这点工作，不知道公司这艘大船是怎么开起来的，那么后续不管是工作事项的推动，还是你自己的能力提升，都会慢很多，所谓"不谋全局者不足以谋一域"，就是这个道理。

华为公司每年都要做战略规划，第一步就是市场洞察，原因就在于开门做生意，第一件事不是直接开店，而是先做充足的准备，市场洞察就是为做准备提供输入，好比我们出海捕鱼，要先派一架直升机出去把整个海域扫描一圈，看看东南西北各个方向哪些地方有大鱼，哪些地方有小鱼，鱼正在往哪个方向游，海面上还有一些别的什么船，他们都在打什么鱼，哪里的竞争最激烈。全部看一遍之后，再结合我们自己船只的数量大小，做出我们的出海方案，然后才启动准备，准备好了才能出海。如果海上鱼群的游向发生了变化，船只的行进方向发生了变化，我们还要做相应的调整，否则你就很难打到鱼。

现在新员工进来，公司给了你一个组织架构图，就好比走迷宫给了你一张航拍图，出海给了你一张海上鱼群分布图，将这个了然于胸才会有更多的收获。

学习是要思考的，工作、创业也是要思考的，与人交往更是要思考的，一切都要思考，没有正确的思考，再多的努力都只能事倍功半。

重新认识客户：谁是你的客户

我们走进商场，服务员站在店门口招呼："老板，进来看一下？"服务员说的"老板"是什么意思？你是否以为，服务员是因为尊敬你，认为你看起来像是一个老板，或者是奉承你，将你称为老板？

其实，聪明的服务员，他会真的认为你是他的"老板"。为什么呢？因为"老板"是决定他薪水的人啊，你买他推荐的商品，他就多拿提成，所以你不就是他的老板吗？

管客户叫老板的服务员，才真正明白谁是他的老板。可是我们大多数职场人，却并没有搞清楚"客户"和"老板"的关系。

谁是你的"客户"？

有人说，"客户"不就是买我们公司产品的消费者吗？答案是否定的。买公司产品的人，只是公司的客户，不是你的客户。全公司，只有公司大老板和少数几个按经营结果拿钱的人，他们的客户才是最终的消费者。

消费者花钱买公司的产品，成为公司的客户；那么谁花钱买你的产品，成了你的客户呢？

是公司吗？没错，是公司每个月在给你发钱。但是公司是谁？知道了公司是你的客户，对你没有任何帮助。

是公司的老板吗？是，但也不是。虽然是大老板付的钱给你，但是他可能压根儿不认识你，根本就意识不到你的价值，你在他的眼里，可能就是公司几万人里的一个数字、人力成本项里的一项支出而已。

那么，到底是谁呢？既然是客户，就是决定要不要为你的价值多付钱的那个人或者那群人。如果你在公司做销售，你的收入完全取决于你的销售业绩，没有任何人可以再次评价你的绩效，那么你的客户就是你的销售对象，你可以无须关注公司里的其他人。但是我们绝大多数人的工资、奖金，是公司里的少数几个人决定的，他们就是你的上级主管。也就是说，当公司有了更多的薪酬包和奖金包时，决定要不要把这些钱分给你，分给你多少的那群人，他们就是你的客户。

所以，搞清楚你的客户是谁，谁决定着你能拿到更多收入，是第一步。

如果在你的环境里，你找不到你的"客户"，或者都不认识你的"客户"，那你如何让你的"客户"为你花更多的钱呢？

客户花钱，买的是什么？

想一想，你花钱买东西，买的是什么？一定是某种产品或者服务。所以你的客户花钱买你，买的是什么？现在，把你身上的其他东西都去掉，只把自己当作一个"产品"。

"客户"如何决定你的薪酬变化？是你干活多少吗？表面上好像是，但其实"客户"真正买单的原因，是因为你是一个"好产品"。华为招天才少年，每年愿意花 200 万以上的薪酬，是因为他们干活多吗？当然不是，所以，你可以在意你工作的成果，但不要过分在意，重要的是在意让自己变成"好产品"。

你买一个东西，愿意花钱，一定是因为这个东西对你有用，买牙刷是为了刷牙，买椅子是为了坐。想想你在买一把椅子的时候，是怎么把钱花出去的？你打开购物软件，对比各个厂家各个型号的椅子，看看哪个性价比最高，对你最有用，你就买哪个。

所以，"客户"买东西的一刹那，买的是"用处"。

产品的三重境界

既然客户是为了"用"而买的，那我们给"用"分三个等级：能用、好用、爱用。

"能用"，是一种功能，是最底线的要求。很简单，只需要发现并满足客户的需求，就可以做到。如果买一把椅子回来发现缺条腿，你肯定会退货的。

要做到最基本的"能用"，不能只盯着你自己的一亩三分地，要全方位弄懂客户需求，要花时间去研究他的 KPI。不要觉得能做一点点事就是"有用"，这样你很可能是一条瘸腿的椅子，只有提供完整的功能，才叫"有用"。

"好用"，是一种体验，有点难。要求你不仅要懂客户需求，还要体验很好。椅子除了满足基本的"坐"的用处，还要坐起来很舒服，用的时候不出毛病，就是好用。

你永远无法成为一个解决客户所有问题的人，因此要去解决自己擅长的问题，充分发挥自己的专业能力和长处，帮助客户达成他的业务和发展诉求。如果你是块表，就把时间走好；如果你是个眼镜，就把光折射好。这样当客户有需求时，他知道应该在什么情况下找你。鱼儿不要老想飞上天，鸟儿也别去水里游。

"爱用"，是一种情感，更难。椅子不仅可以坐着舒服，还能根据我的肩背弧度自适应，还能按摩一下我不舒服的地方，在我需要转动的时候能自己转动等，让我坐下来就有一种如沐春风的感觉，一回家就想坐在这个椅子上，这就是爱用。

一个好产品的最高境界是"爱"，如果你和"客户"之间没有"爱"，你就很难成为一个好产品。要做到真正走进客户的世界里，与客户情感共鸣，认可双方价值观，可以长期相处，这才叫"爱"。

弄懂你的客户，就好像弄懂你的恋人一样，这样你们相处才会有更多的爱，如果你对你的恋人一点都不了解，也不愿意花时间去了解，你这个恋爱还谈得下去吗？同样的道理，如果你对客户的需求都不了解，你怎么让他掏钱给你呢？

一个团队里，有些人做不到"有用"，很多人做不到"好用"，更多人做不到"爱用"。很多人自认为干了很多活，却没有得到合理的回报，认为公司对自己不公平，都是因为错误理解了职场关系，把"客户关系"当成了"同事关系"。

爱是解决一切问题的钥匙。一个产品的最高境界，就是能做到爱客户和被客户爱。

勇敢地接近"客户"，就是接近财富

在我有限的职业生涯里，我见过太多员工，从来都是远离主管、远离权力中心的。他们工作中生怕和领导说话，见到领导就跟躲贼一样，可是如果话都不说，你如何能产生爱呢？产生不了爱，就达不到最高境界。

这里面，一部分人的心态是"对领导有畏惧感"。在这部分员工眼里，领导通常是高高在上的，倘若这个领导又稍微有点严肃，他们就更会敬而远之。这类人，对领导来说是个信息黑洞，不知道、不了解、不熟悉，因此也就不敢给机会、给担子、给激励。

另外一部分人是"海瑞式员工"。他们的宣言是："我从来不站队，不唯上，只做好自己的事。"他们内心认为靠关系走得离领导近，是一种极不光彩的行为。这类员工，可以满足自己一时的独立姿态，显得很有个性，但是长期看很难发展好，有的领导表面对他客气，实际慢慢疏远他，有的领导则会对他的问题极力打压。

一旦出现以上这两种情况，你就失去了一个重要的职场连接，你将永远成不了那个好产品，也就离财富越来越远。而那些能够勇敢走进权力中心的人，他们逐步取得了客户的信任，并保持连接，进一步建立互信，从此才有了更多锻炼和展示的机会，能力也会不断提升。

试想一下你在工作中是不是遇到过这样一种人，他们只做领导交代的事情，对于你找过来的事，都说要先找领导。他们这么做对不对？当然对，因为他很清楚谁是他的客户，他正在以客户为中心的方式工作，而你并不是他的客户。

为什么一定要勇敢地接近"客户"？

能决定你升迁、薪酬的人，正是你这个领域已经混出来的专家，他们不仅拥有丰富的经验，更重要的是一定拥有某方面极强的能力，而且不管经验还是能力，都值得你学习，要相信强者必有强处。

并且，在这个过程中，你要逐步成为他们的亲信，进入核心圈。如果你长期为某个客户提供服务，却没有产生某种爱，其实就意味着你在职场这一程里创业失败。因为，你唯一的客户，他不爱你，当然就不愿意为你掏钱了。只有进入权力中心、进入核心圈，你才有可能站到更高的平台，拥有更好的视野，才会让你事半功倍。

当然，如果一个客户，你实在爱不起来，建议你还是尽早换个客户吧。

另外，你的客户将来会不会有发展前景也是你选择客户时需要考虑的点。职场毕竟不是人生，你当下的这个客户大多数不会成为你的终身伴侣。尤其是年轻的时候，你通常会有很多选择，这个客户你不喜欢，可以换一个，选择一个你看得过去的客户，至少是你觉得愿意去认真对待的客户，才会让你事半功倍。

重新认识晋升：什么决定你的晋升

每个人进入社会，都是从职场开始的，不管是写字楼、工地，还是车间，都是如此。

可是，我们上了十几年学，学校只教给了我们专业知识，却从来没有教过我们职场的规则。所以，大多数人甫入职场，就进入了一种平庸的工作模式，最终沿着绝大多数人走过的职场路线，"成功"地走出了一条成为普通人的路。

我曾经面试过一个员工，2005 年毕业，一直在一家公司做 IT 技术，面试时自我介绍先讲了一下个人经历，接着说他的优点是做事比较踏实，缺点是语言表达能力不太好。后来我问他为什么从上家公司离职了，他说是被裁员了，原因是公司亏损。我问他裁员了多少人，他说一百多人，公司有多少人呢，一千多人。我说在一家公司这么多年了，你有没有积累一些比较突出的拿得出手的技术，他讲了半天，我发现他各方面都会一点，但都不精，技术原理问深了就不理解了。

不得不说，这是个很实诚的人，一上来就先把自己的软肋晾出来，然后自己被裁员也大大方方讲了出来。他在家赋闲一年多，估计是疫情期间工作也确实不好找。但这样的人，做个朋友，多半是没问题的，要录用，则需要思量。

本来很想给他一些建议，让他下次面试之前最好查一下"怎么应对面试"，或者至少该查一下"怎么做自我介绍"。如果面试这件事做不好，又怎么敢说自己做事情踏实呢？踏实就是脚踏实地把事情做好并且不炫耀、不心浮气躁。

其实，在工作中，这样的员工不在少数。

我 2008 年刚入职华为时，有一个社招的同期入职的同事，我们一起在 TAC 呼叫中心接客户的电话，处理客户的技术问题，我有不懂的问题经常问他，他人很好，是个好伙伴。但除了踏实干活接电话处理问题外，部门就没有他什么声音了，后来他在华为大概调换了三四个部门，最终还是被淘汰了。

这样的人，经常被称为"老黄牛"。如果有一天你也被这样称呼，要小心一点，这也许是真的在夸你，但也许真的要优化的时候，你将是个很好的选项。

"老黄牛"的优点，是勤恳，甘愿付出，吃的是草挤出的是奶。但是"老黄牛"的问题在于不会抬头看路，往往只是把交给他地耕完。"老黄牛"为什么会被优化掉？就是因为在"耕地"的过程中，一直在老老实实地"耕地"，时间长了后解决事情的能力范围没有变大，十年前会"耕地"，十年后还是只会"耕地"。可是，十年后公司已经可以在市场上买一头"新黄牛"来耕地了，"新黄牛"钱要得少，年轻力壮，这个时候"老黄牛"和"新黄牛"相比，就缺乏性价比上的竞争力了。

"老黄牛"不想涨工资涨奖金吗？当然也想。但是问题在于，"老黄牛"的行动背后隐藏着一个价值观：勤劳致富。认为只要我足够勤劳地干活，我就能获得比别人更多的收入。但现实不是这样的，勤奋只是一方面。那么工资奖金涨不涨、职位是否晋升，背后起到决定作用的是什么呢？

一般人对工资、奖金的逻辑是先干活，干满半年或是一年，主管评价你的好坏，然后给你评绩效，根据绩效来决定未来涨不涨工资、奖金发多少。这里面，绩效好坏占了很大的权重。

几乎所有的员工，都非常在意绩效，因为它决定了太多东西。尤其在华为，绩效 A 和绩效 C 一年拿到的钱能差出好几倍，如果两个员工的绩效持续几年都一直分别是 A 和 C，那么他们的收入将是天壤之别。所以，"老黄牛"就会用勤奋工作、加大输出来让自己的绩效好起来。

但是，大多数人对绩效的理解都错了，或者说对工资、奖金的逻辑理解错了。

你有没有想过，公司为什么愿意花高价挖业界的顶尖人才？他可没为公司做任何贡献，绩效是 0，凭什么一进来工资就是你的好几倍？你有没有想过，如果单纯是看你的勤奋程度、看你的输出情况，那么绩效好的人岂不都是 24

小时不停工作的人？

其实，每一次评绩效，都是一次新的面试，只不过这个面试周期长达半年或是一年，在过去的半年或是一年中，你解决问题的能力如何？有没有表现出你高于他人的能力？你在面向未来的岗位上，还能不能发挥出更多价值？你这一年的表现，比面试可看得清楚多了，日久见人心啊，一目了然。

所以，能力才是决定绩效的根本！

能力才是决定工资的根本！

能力才是决定晋升的根本！

看清楚本质了吗？

想混好职场，就一年一年积累好你的能力吧，并且，要让更多的人知道，你能行。

2009 年，也就是我入职华为的第二年，部门要在新人里提拔几个团队 Leader，主管把最大的一个团队交给了我。其实在公布之前，我已经预料到了，这一年我除了完成本职工作外，还在半年内写了 36 篇技术案例、3 篇管理改进案例，对我们交付的产品提了十多个改进需求，已经在团队中树立了很好的口碑。虽然今天我已经不记得我写过的那些案例的内容了，但是如何解决技术问题、如何发现产品的问题的确成了沉淀在我身上的能力。

所以，不要做"老黄牛"了，要深入思考一下，你现在的能力怎么样了？别人有没有看到你的能力？你有没有表现出超出周边人的能力？你有没有组织内部稀缺的能力？你和你上一级的岗位要求的能力相比，还差什么？

再回过头复盘一下面试的过程，当你跳槽的时候，对方最关心的问题是什么？那就是你有什么能力，你能为新公司带来什么价值？

因此在职场，你时时刻刻要关注的，是能力的提升。

重新认识性格：你是否缺乏想象力

我所在的部门，曾经组织了一次务虚研讨，其中一个人力资源的研讨议题是"欣赏差异"，用 HBDI 工具测试每个人是什么类型的性格，然后让团队成员彼此熟悉对方的思维偏好，以便更好地进行团队配合。HBDI 是赫曼大脑优势量表（Herrmann Brain Dominance Instrument）的简称，其通过分析人类的思维形态，得出一个大脑运行机制的类别模型，从而帮助人们通过权威的分析，科学地解决问题。

这个工具把人的性格分成蓝、绿、红、黄四种：

蓝色性格（A）：比较理性，逻辑、量化、分析、技术、事实是他们的关键词；

绿色性格（B）：比较实际，他们在乎稳健、秩序、掌控、细节、组织；

红色性格（C）：关键词是情感、音乐、人际、表达、感觉、感受；

黄色性格（D）：在乎综合、整体、视觉、整合创新、概念化、比喻。

坦率说，测完之后的结果，我认为还是比较符合实际情况，因此也推荐给读者试一试，可以网上搜来测一测，看看你是什么性格。

之所以讲性格测试，是因为我们绝大多数人这一生中都在向外求，所以对自己的内在关注非常少，而性格测试是一个很好的工具，可以帮助你认识自己，这就相当于增加了一个高维视角来看清楚自己。

每个人都有思维偏好

这里，我重点说一说绿色性格，如果你是明显可见的强烈的绿色性格偏好，在财富这件事上，可能不会有很好的结果。

我之前在中国区有一个下属，在项目管理的岗位上做得有声有色，很快就做到四级项目经理，绩效表现也很好。后来我转到深圳总部的时候，他找到我，希望一起来做新的产业，我很欢迎，也接受了他。但是一开始我没有考虑岗位的匹配情况，让他做战略规划，没想到他极不适应，没多长时间之后就提出换岗，他说以前的工作相对确定，目标明确，项目交付的团队有明确的计划和做事情的规则、流程，而现在的岗位啥也没有，很多问题需要做假设、拍数据，甚至今天讨论的内容和昨天完全相反，翻来覆去，所以他觉得自己的价值完全没有办法发挥出来。

我这才意识到，原来人的思维是有优势偏好的，于是再把他换回到相对确定性的工作岗位上去。现在回过头来想他做事的方式，确实是非常"绿色"，比如他买了三套房子，全部买在老家郑州，我问他是怎么想的，他说没什么想法，都是老婆张罗买的。在务虚会的研讨过程中，引导老师问他，假如你和你老婆去某个景点玩，结果去的路上十分堵车，要堵两个多小时还不一定到得了，你老婆提议说就近换个地方玩，你会怎么选？他说我会同意，但内心是极不情愿的，因为打乱了我的计划。

每个人的性格都是多面的，不是绝对属于某一个性格，只有 2.5% 的人在四大象限全部出现主要偏好，这类人有着极强的适应性，也会有极强的生命力。

但是，即使是非常强烈的绿色性格，也会略带一点黄色性格，每一种性格也没有绝对的好坏，甚至没有相对的好坏，不存在某一个人的性格好于另一个人，他们都各有优劣。性格色彩里蕴含着很多内容，如果你能清楚地感知到你身边人的性格颜色，就能找到和他们和谐相处的模式。

性格测试，不是用来定位你的，而是用来提醒你的

以上并不是我要说的重点，我更希望你利用这个工具，站在高处审视自己的性格，看清楚你的优势偏好，警惕因为性格色彩偏好导致的思维定式。

比如，一个黄色性格极强的领导，往往会讲大方向、讲全局、提出挑战相对比较遥远的目标，如果你同样是黄色性格偏好，你可能会觉得这个领导太棒了，而如果你是绿色性格偏好的人，就会觉得搞了半天虚头巴脑的、没有一点实际的东西，这就是思维偏好导致的偏差。当你明白这一点之后，你就可以把自己的思维拔高一层，因为你已经意识到不管你是什么样的表现，都是受到了思维偏好的影响，那就要尝试反过来再想一想。

如果你是一个强绿色性格的人，或者是弱黄色性格的人，很可能在财富这件事情上，会不敏感，甚至在岗位晋升上也会有一定的天花板，因为你会被贴上一个"没有想象力"的标签。绿色温吞如水的性格会让你显得与世无争，外部世界的变化和评价甚至可能无法引起你内心的波澜。当你希望财富不断增长，而又发现自己是强绿色性格的时候，有没有办法改变呢？答案是有的，那就是需要你经常站在更高的维度思考自己有没有受到思维偏好的影响，这也是性格测试工具的真正用处。

记住，永远不要让别人定义你，更何况是一个工具。工具就是拿来用的，一把尺子是一个工具，可以量长短，但是量长短不是我们的目的，我们需要知道量的对象是长了还是短了，然后根据量的结果去调整。性格测试工具也是一样，测出来是绿色还是黄色，不是我们的目的，我们要知道的是我们和自己期待的有没有偏离，偏离得大还是不大，然后根据测量的结果去调整。

我们的性格形成是受遗传和环境影响的，遗传部分很难改变，但是对待财富的态度，却是可以受环境影响的，当然如果要改变某方面特别强的性格色彩，就需要接受比一般人更强的环境和行为刺激。如果你被测出来是个缺乏想象力的人，那么尝试多去和那些很有想象力的人相处，去尝试说一些以前你从来不敢说的话，做一些没有做过的事情，就可以让自己慢慢变得不一样。

重新认识规律：世界是被设计好的

2008 年我入职华为，那一年是华为招聘应届生的大年，据说超过了一万人。和我同期参与核心网语音业务领域培训的，就至少组织了 15 个班，我当时分在第 14 班，每个班大概 30—40 人。这些人，基本上起步都是同一级别，也就是起跑线都是相同的。2018 年，我再回头看班里的同学，有大概 1/3 的人已经离去，剩下的 2/3 的人，职级分布已经拉得很开，比起刚入职的时候，我已经升了 6 级，有的人却只升了 1 级，大部分人则是升了 3—4 级。

运动会上的长跑比赛，所有人也是站在同一起跑线上，发令枪响，大家一起出发，最后总会分出第一名和最后一名。所有的比赛，最终都会分出名次。

财富世界也不例外，"小糖人"游戏就告诉我们，只要有人群的地方，就会出现财富分化，出现阶层。每个时代，总有人活出了成功的模样青史留名，也总有人寂寂无闻。

不管是运动、考试，还是挣钱，只要基数大，最后总是会呈现阶梯分布的情况，在任何时代都是如此。我在想，这个世界是不是存在某一种规律，只要符合这条规律的初始安排，就会出现这条规律相应的结果？

世界上到底有没有规律？

量子力学的研究或许给了我们一些答案，这里，我先从最经典的幽灵双缝干涉实验说起。

1. 光到底是微粒还是波？这个问题持续争论了两百多年，一开始是牛顿发表了微粒说，说光是粒子，但惠更斯说是波。

2. 后来托马斯·杨带来了著名的双缝干涉实验：一开始，光穿过两道缝隙的纸，留下了斑马条纹，就像水波一样，得出光是波的结论。

3. 一百多年后，爱因斯坦说：光是由光量子组成的，光可能既是微粒又是波。

4. 1909 年，泰勒改良了双缝干涉实验，用光子发射机来穿越两道缝隙的纸，证明了光具有波粒二象性。

5. 1928 年，波尔提出互补原理：主观意识的观测，会决定光到底是波还是粒子。也就是说人的意识会决定光是什么。

6. 1965 年，微观世界的观测器终于被发明，双缝干涉 3.0 增加了两个观测仪，结果是：打开观测仪，光就乖乖地按粒子穿过去；关掉观测仪，光又偷偷变成了波。即便是增加装置不让光子知道有观测仪在观察，它依然是粒子。

7. 事实证明，波尔没有错，光是波还是粒子，取决于是否有人的意识。

8.也就是说，光子事先就知道你要观察他这个果，决定了他是否变身这个因。而光子代表的是整个微观世界，也就是说整个微观世界，可能都是先有果，再有因。

微观世界的这个结论，作为宏观世界的我们，非常难以理解。就好像知道你要结婚所以安排你谈恋爱，知道你饱了再安排你吃饭，知道你成功了再安排你去创业。

但是有一种假设，却可以让这个实验结果瞬间变得非常好理解。这个假设就是，我们生活的世界，其实是一个被设计出来的虚拟游戏，我们每个人都只是生存在这个虚拟世界里的虚拟玩家。

比如，我们在手机上玩一个掷骰子的游戏，你掷出的一刻，其实结果已经设定好了，骰子转动过程的画面只是播放给你看的而已。

又比如，你打"王者荣耀"，一枪打出去，能否打中，其实结果早就算好了，子弹飞出去的过程和击中对方的画面只是播放给你看的而已。

在"世界是一个虚拟游戏"这个假设下，我们再来理解一下量子纠缠就非常容易。

量子纠缠说认为，即使两个相互纠缠的粒子相隔距离很遥远，之间也没有任何介质，但是其中一个粒子的行为一定会影响到另一个粒子的状态。假设其中的一个粒子被操作而自身的状态发生了变化，另外一个粒子也会瞬间呼应发生相应的变化。

这就好像玩一个打开宝箱的游戏,游戏设定: 一共两个宝箱,一个有宝物,一个没有宝物。玩家打开宝箱前，两个宝箱的状态都是既有宝物又没有宝物的叠加状态，打开 A 宝箱如果有宝物，B 宝箱就一定没有宝物。

按"虚拟世界"说，量子纠缠之所以能超越光速，瞬间呼应，只不过是因为相互纠缠的两个量子，是这个虚拟游戏世界里，同一段代码指令的设计。

不仅物理科学，在任何一个领域研究到最深处，都可能会提出同样的问题：

华大基因 CEO 尹烨：基因科学做到今天，可以给人脑灌输一大堆东西，而你什么都不用做，比如通过调整你的脑电波就能让你瞬间达到高潮。我怎么能够相信，我们一定不是被设计出来的？

马斯克：人类生活在真实世界的概率不及十万分之一。

谷歌CTO雷库兹韦尔：也许我们生活的宇宙不过是另一个宇宙里某个初中生做的科学实验而已。

爱因斯坦：人类如果把所有物理定律都研究清楚了，那就该思考，是谁给我们定的这些规矩呢？

牛顿：重力解释了行星运行，但不能解释谁是第一推动力。

杨振宁：世界上有没有神存在？如果你说的神是一个肉身形状的神，我想那是没有的，但有没有一个"造物主"，我想一定是有的，因为这个世界的结构不是偶然的，偶然不能搞出来这么妙的东西。

人类以及所有生物，都可能是"造物主"设计好的游戏玩家，我们置身其中，永远不会知晓是谁发明了这个游戏。就像"王者荣耀"中的某个英雄，有一天，突然开始思考他的人生，思考他为什么而存在，好像察觉到了什么，但他将永远都不会知道，是腾讯游戏制造了他。

所以，人类一思考，上帝就发笑。原来是这个道理。

世界是有规律的。就如同下边你司空见惯的一些现象：

苹果熟了，会掉到地上，而不是飞到天上。

太阳每天从东边升起，从西边落下。

女性每个月来一次例假。

一年有春夏秋冬四个季节，周而复始。

月亮到了十五十六，就会变圆。

春种一粒粟，秋收万颗子。

春天到了，我们种下种子，秋天就可以收获粮食，这就是这个世界的规律。如果你秋天种下种子呢？结果却是种子烂掉了。反过来看，想要拥有很多很多粮食，首先要做对的事情，就是顺应世界的规律，先在春天播下种子。

　　财富世界也是如此。想要拥有财富，首先要做对的事情，就是顺应世界的规律，先播下能够长出财富的种子。你首先要知道，做什么事情，能拥有财富，比如当上高管、写书、创业、投资等等。

　　就好比在美国犹他州，有个广为人知的故事：一个乞丐，天天对着天空向上帝诉苦，恳请上帝让他中一次彩票。某天，上帝终于忍不住斥责他："我也很想帮你，可你倒是先买一张彩票啊！"

重新认识坚持：根本不存在坚持这件事

　　最近一年来，我一直在写文章，在社群累积输出的文字已经接近二十万。有朋友问我，你是怎么坚持下来的？我连每天早睡早起都坚持不了。

　　当朋友问我这句话的时候，他一定认为这件事很难，他自认为做不到，所以才用了"坚持"一词。李笑来说：在我的字典里根本就没有"坚持"二字，"努力"对我来说，也是不存在的概念。对某件事儿，你觉得需要努力需要坚持才行，那这事儿基本上从一开始就注定做不成了。

　　你之所以坚持不下去，是因为这件事是你的人脑理性告诉你要做，而不是你的身体和情绪真的想做。比如我的朋友想早起，可是身体根本就起不来。要靠大脑理性去操控的事情，本来就是很艰难的，还要持续坚持，这对身体来说就是不堪重负。

　　而我能持续不断地输出文章，是因为我从读书的时候起，写文章就是我最大的爱好之一。我工作的主要任务之一也是写材料，写字这件事对我来说根本不存在"坚持"。

　　所以，一件事情如果你需要"坚持""努力"才能做到，可能不是你没有意志力，因为在面对不想做的事情的时候，所有人的意志力都是脆弱的。比如一个习惯了早睡早起的人，你让他坚持晚睡晚起21天，看看能否做得到？他也做不到。

搞清楚你做什么事情是不需要坚持的

这里，我并不是说早睡早起不好，我想说的是，不是所有正确的习惯都是你要去追求的，而是要搞清楚，你做什么事情是不需要坚持的。

我曾经有一个下属，他几乎每周都组织足球比赛，对足球明星如数家珍，只要有同事想踢球，他就会帮助他入门、购买装备，教他一些热身的知识避免受伤。他对足球的热爱，到了骨子里，这种热爱不需要"坚持"，反而是一种"期待"。

台湾画家蔡志忠在4岁半时便有了自己的人生方向，9岁时他更是立志成为漫画家。那时候父亲送了他一块小黑板，他发现自己很有画画天赋，于是立下志向："只要不饿死，我要一生一世永远画下去，一直画到老、画到死。"

所以，有时候你看别人像是在坚持，其实他是在享受。蔡志忠说："把兴趣做到极致，就是成功。"成功很多时候都不是努力出来的，而是玩出来的。你看乔丹、罗纳尔多这些人，他们是努力出来的吗？就是玩啊，把你想玩的事情玩好，不就成功了？

我们上学的时候，有的同学不上课天天跑去网吧玩游戏，经常一通宵一通宵地玩，你会不会问他："你是怎么坚持做到每天通宵玩游戏的？"当然不会，因为你知道，他玩游戏这件事，不需要坚持。

所以，一旦选择了一件你感兴趣愿意持续投入的事情，根本就没有坚持这件事。

有人说，我就是一个没有兴趣的人，不上班的时候，我的时间就是躺着刷手机看电视，然后睡觉。我想这样的人不在少数，因为我自己有段时间也是如此，忙碌的工作过后，回到家里什么也不想干，就想躺着。这种状态恰恰说明，工作消耗了我们太多的情绪，需要用长时间的休息来释放自己的压力，但这并不表示你是一个没有兴趣的人。

试想一下，如果你不用上班，每个月的工资照常发给你，你还会把你的时间都花在刷手机看电视上吗？不会的，我自己也有过亲身体验：2014年我休婚假的时候正好连上了十一，又请了几天假去马尔代夫度蜜月，加起来我有一整个月的假期，理论上我应该很高兴，但是实际上到了 20 天左右，我就想着必须要做点什么了，这样长期的消耗也是一种压力。

如果你实在找不到兴趣，可以尝试给自己放一个长假，在不考虑经济压力的前提下，想一想自己到底想干什么，潜藏在那个忙碌表面背后的你，到底是一个什么样角色的人？

赋予事情意义，可以降低难度

再退一步，如果你实在找不到自己的兴趣点，还有一个办法可以帮助你降低做事情的难度。

《芈月传》中，芈月有一段慷慨激昂的出征前讲话："……将士们，我承诺你们，从今以后，你们所付出的一切血汗都能够得到回报，任何人触犯秦法都将受到惩处，秦国的一切将是属于你们和你们儿女的，今日我们在秦国推行这样的律例，他日天下就都有可能去推行这样的律例，你们有多少努力就有多少回报，你们可以成为公士、上造、不更、左庶长、右庶长、少上造、大上造、关内侯甚至彻侯，食邑万户，你们敢不敢去争取，能不能做到？"

这段话击中了将士的心，使得他们改变了原本造反的立场，反而对接下来的出征充满了斗志。为什么这段话如此有魅力？因为芈月赋予了他们战争的意义，那就是秦国的未来、将士的前途。

是的，意义感能够帮助我们更好地做成事情，比如写文章，如果只是图自己写得开心，大体不会产生太多的价值，但是如果能够想着为读者带来些什么，写作就有了灵魂，站在读者的角度写，就是一件更有意义的事情，每当看见有读者因为看到我的文字而有所启发、有所激励，我便觉得这些文字意义非凡，因此有了更进一步的想法。

北宋范仲淹为官一生清廉，不管身在庙堂还是远在朝野，都能积极进取，竭尽所能为百姓做事。针对北宋内忧（官僚队伍庞大，但行政效率低下）、外患（辽和西夏威胁着北方和西北边疆）的现状，上《答手诏条陈十事》，提出十项改革纲领，主张澄清吏治、改革科举、整修武备、减免徭役、发展农业生产等，内容涉及政治、经济、军事、教育、科举等各个方面。庆历新政实施短短几个月，政治局面已焕然一新：官僚机构开始精简；科举中，突出了实用议论文的考核，有特殊才干的人员，得到破格提拔；全国也普遍办起了学校。为什么范仲淹能做到"居庙堂之高则忧其民，处江湖之远则忧其君"？因为他赋予了他的人生以意义，无论何时何地都以天下百姓为己任，因此才有了"先天下之忧而忧，后天下之乐而乐"的旷世情怀。

我们可以不图为国为民，但能否让身边的父母亲人过上好一点的生活？为此，尝试把"我在坚持努力"，转变为"我在促成家人的幸福生活"，这样你每天的付出，便都是充满意义的。

当然这只能为你做的事情找到意义，降低你坚持的难度，但并非你内心的热爱。在这个过程中，你依然要问自己，我到底喜欢做什么？最终，还是要尝试去找到人生中那件让你开心的事情，才不枉来这人世一遭。

重新认识风险：有钱人怎么看风险

我曾经和一个 EMBA 同学聊过他的发家史。他比我还小两岁，但是目前自己创办的企业的营收年均过亿，毛利能做到 50%，整个公司不过也就是 20 人左右。

于是我问他怎么做到的，他说一开始是他老婆喜欢做设计，就辞了职开始设计衣服，随后就在淘宝开店卖衣服，没想到第一年就卖了近千万。然后他也离职了，和老婆一起经营，他负责供应链和日常管理。虽然他们入场淘宝时，已经不算早，但是也赚了不少。

现在他比较后悔的，是没有抓住 2020 年流量向抖音转移的机会，在淘宝的延长线上走了太久。他还总结了抖音相比于淘宝的两个优势，一是人群覆盖面更广，二是短视频降低了购买门槛并且视觉冲击力太强。他说他爸以前从不上淘宝，但是有了抖音之后，也开始向家里人炫耀，说自己在抖音上买到了性价比高的东西。

我想他们家之所以成功，是因为一个人的兴趣取到了一个"势"，或者说在跟上时代大势的同时，找到了一个最合适自己的入场姿势。这正是成功的关键所在。

但我想聊的不止于此，我看到他们家的这个决定，风险是家里一半的劳动力可能全部打水漂。风险和收益是成正比的，正是因为他们选择了冒险，才有了挣到很多钱的机会。

另外，如他自己所说，团队的惯性，其实和我们工作的惯性，逻辑是一样的。我说工资是毒药，其实"当下的成功"也是一种毒药，包括对已经成功的团队来说。

所以，可以想象，当年的柯达，不是没有看到数码时代的来临，而是卖胶卷的钱赚到数不过来了，以至于看到了也当作没看到，或者内心根本不想看到。只是没想到数码时代来得那么快，新的企业很快就替代它占据了市场的头部，所以市场上总是"城头变幻大王旗"。

想要成为一家不倒的企业，就需要不断做熵减，脱离安乐窝，换一个姿势再次顺应新的趋势。看清趋势，并有足够的能力时，要去尝试丢掉一部分安全感，去获取更大的势能。例如虽然 QQ 还在鼎盛时代，腾讯依然诞生了微信。

当然了，不要看到一个趋势，就头脑发热地往里冲，周密的计划永远好过盲目的冲动。

是否敢于冒风险，这其实是穷人和富人思维的一个最大不同点。

穷人思维：想要挣大钱是要冒风险的。
富人思维：冒风险就有可能挣到大钱。

看这两句话，虽然意思差不多，但背后的心态完全不一样。富人看见的是风险背后的机会，而穷人只看到了风险。

就像你说：大海很美，我想去看看。你的恋人却说：大海很危险，容易淹死人。

还是那句话，你关注的会被你放大：你看到风险，风险就会放大；你看到机会，机会就会放大。所以，想要财富自由，永远是需要冒险的。大到柯达，中到一个 20 人创业团队，小到夫妻俩，都是一样的道理。

柯达可以继续做胶卷，但是如果放弃一部分安全感，拿出一部分精力投入数码领域，就不至于快速破产。

20个人的创业团队，认准了抖音流量要起来，就要抓紧转型，如果不愿意转，就意味着揣着芝麻丢了西瓜。

夫妻俩，可以有一方保持稳定的工作来构筑家庭安全感，另一方冒一点风险来创业，否则两个人都一辈子打工，可能就直接失去了财富跃迁的可能性。

那再小到我们个人呢？个人当然也一样，你可以将你的一部分时间用于工作，提高能力，构筑安全感；另一部分时间用于探索新的领域。在工作和业余时间中，有意识地积累其他需要的能力，以便在未来可以有更多自己创造的可能性。

第二章　换个方法，事半功倍

学会成长：怎样才算真正活着

在一本叫作《向上生长》的书里，作者这样解读热力学第二定律：一个孤立的系统，不持续输入能量都是死路一条。比如炉子不加火、人不吃饭、绿洲没有雨水，系统会迅速崩塌，最后会变成一种稳定的低活跃状态，即灰烬、死亡和沙漠。用作者这个解读来解释"人为什么要学习"，让我有一种醍醐灌顶的感觉。

因为从这个意义上讲，学习就是活着，活着就是学习。

为什么说有的人活着，他已经死了，其实就是说他的大脑没有新的能量输入了，他的大脑的系统活跃程度已经降到一个比较低的程度。为什么说有的人工作十年等于工作一年，因为在这么多年里，他虽然每天都在工作，但是用的都是大脑里已有的知识，能力上没有进步，也是一种低活跃的状态。

不仅如此，如果没有新的能量输入，大脑甚至不会一直维持原有的水平，而是会不断退化，学习和理解事物的能力都会减弱。我们的身体过了青春期便不再长大，随后通过锻炼和使用使得身体的器官继续保持有用，而我们的大脑在2—5岁时便已经发育到峰值，随后开始下降，规则是"用进废退"。就像一块草地，只有经常有人走的地方才会出现一条路，如果路没人走，就会杂草丛生，原有的路也会被吞噬。

当36岁的女高速收费员从岗位上退下来的时候，学习起新的知识就非常吃力，远远比不上持续学习了16年的大学毕业生，就是这个道理。

你会发现，同样是60岁，有的人还能做企业高管每天高强度地开会，而有的人已经开始老年痴呆，除了身体本身的因素，很大程度上取决于他们的大脑是否在持续使用和进化，是否有新的能量输入。我曾见过任正非总裁和与他同龄的一个人同时走在园区内，总裁健步如飞、谈笑风生，而那个同龄人则弯腰驼背、老态龙钟。

大脑能量的输入，其实就是学习的过程。学习绝不仅仅是看书，任何形式的信息输入触动了大脑进行思考，都是学习的过程。企业家不需要每天看书，在解决企业各项难题的过程中就已经输入了大量的信息，并且也有了持续不断的思考。相反，每天只看书而不思考，对于大脑的进化就不会太有利，就像人需要把饭嚼碎了吃下去，而不是把饭吞下去。

如果学习才是活着，那么好好活着就是好好学习，天天向上。

为什么这么讲，因为学习体现的效果往往是一条向上的曲线，而这条曲线的拐点一般来得很不容易，所以很多人坚持不到曲线出现上拐的那一刻。比如，我们学习数学，如果只学了加法，解一道题就只能用加法的思路，但是我们学会了加法、减法、乘法、除法、根号、微积分、对数、指数等之后，就可以有很多种思路来解题，而且可以解很多题。

又比如我们学到了一些知识，或者解决了一些问题，经过大脑的吸收，可以写出一篇文章，但是如果想要写成一本书，就需要更多的知识输入，更多的思考吸收才可以，当一本书写出来之后，你形成了自己的知识体系和思维习惯，往后再写出更多的东西，就没有那么难了。很多人不愿意写，只不过因为第一本书的难度太高，令人望而生畏罢了。

樊登读书，一周解读一本书，读书会的会员已经有几千万人，每个会员收费365元/年，这还不包括他卖书和线下活动赚的钱。我曾经在想，他的这个生意做了这么长时间，为什么竟然没有同样体量的竞品，而且他的模式还很难被颠覆呢？其中的原因，我想就是知识本身是有积累效应的，时间越长，复利越大。

不仅读书如此，任何领域，凡是想要变成专家，都需要时间的积累。在华为如果要成为一个五级技术专家，平均也要接近十年的工作经验。

工作中也是如此，有的人抱着一种为了工作而工作的心态，当第二天的工作来临的时候，不是去学习新的知识和方法，而是惯性地利用已有的经验去解决新的问题，这样其实是白白错过了让大脑进化的机会。如果你认为工作是学习，那么你就要在面对新的工作时，想想你有没有在思考，有没有在这个过程中获得新知识和新经验。

如果学习就是活着，那么学得好就会活得好。

大脑会给习惯性的动作修一条"高速公路"，因为我们大脑的特质就是"习惯成自然"。比如，我们学习开车，刚开始上车心动加速、双手发抖，但是当我们拿到驾照开了一年以后，就会变得非常熟练了。学习弹钢琴也是一样，笨拙的手指，在练习一段时间之后，就可以弹奏出美妙的音乐；使用电脑打字、练习写毛笔字、打篮球等都是同样的道理。

所以，只要学得好，大脑就会使其变成习惯。我在大学课堂里听过一次俞敏洪的讲座，面对学生的提问，他不仅能够快速理清思路，连续说上几分钟，而且说完了还意犹未尽，最近在抖音直播间看他的直播，依然是连续几个小时出口成章，就是因为他的大脑已经面对过这些问题很多次了，已经不需要再去组织信息思考答案，而是沿着大脑的"高速公路"就能直接找到答案。

处理工作也是一样，当一个人刚担任管理者时，往往需要一些时间来转身，因为他面对的都是新问题，但是一旦在岗位上做了三年之后，便是驾轻就熟的状态了，因为这些问题一旦进入他的大脑，就会变成一种习惯性，因为在他的大脑里面已经修出了一条"高速公路"。

通过不断的处理问题或者学习新的知识，加上持续的思考，变成自然的习惯，进而就会变成一种能力的体现，而能力就是价值，价值就是财富。所以说，学得好就是活得好。

知道了好好活着就是好好学习，我们就要改变现在不学习的习惯。既然大脑会把习惯变成自然，那么从现在开始到未来的一段时间，你就可以创造学习的习惯，比如坚持每天读书写心得，坚持在工作中思考与总结，时间一长，你也会习惯成自然。

当然，改变往往是很难的，如果给自己定出过于艰难的目标，你大脑里面的"情绪脑"就会感到畏惧，让你的目标难以实现。所以，《微习惯》一书指出，我们要慢慢来，目标一定先要小，小到你自己都觉得可笑，只为让自己开始，只要开始了，你就成功了90%。比如每天看一页书，每天写50个字。开始之后你会发现，看一页书没那么难，看着看着就到了第二页了。改变运动的习惯也一样的，你可以要求自己每天必须至少做一个俯卧撑，一旦开始了，你就会发现，自然而然就做了第二个。

学会学习：学习就像玩游戏

我的孩子乐乐因为总是往返深圳、四平，所以也就两边都上了幼儿园，最近正好深圳、四平都因为疫情上不了课，所以两边的幼儿园都在远程教学，而我就发现两边教的东西完全不一样，四平是各种数学、《三字经》，深圳则是各种做手工、做实验、讲故事。

听故事、做实验、看书、听课、游戏、讨论、写作业、考试……我们有很多种学习或者教育的方式，都能让我们学到知识，增长智慧。

究竟什么样的教育方式是好的呢？

其实，谈到教育，对家长和老师而言，是教育，对孩子而言，就是学习。问什么样的教育方式是好的，其实还不如问什么样的学习方式是好的。因为教育是从上往下的视角，而学习是自发的生长，是从下往上的视角。

很多人认为大学毕业就意味着学习停止了，殊不知新一轮的学习才刚刚开始，工作、生活、社交、买房、装修、结婚、生子、教育投资……摆在你面前的学习量比读书的时候还要大，你不主动接受教育，就会被生活教育，即便临死，你还要去学习如何面对死亡。

回到学习方式，有人说，小孩子自己看书肯定是不行的，要听故事，而大人就没必要用听故事的方式了，所以人生每个阶段，应该有不同的学习方式。

我听过一个大佬的总结：人生在世，就是要读万卷书、行万里路、高人指路、自己开悟。这些方式都能打开我们的大脑，学习并不只有一条读书的路。

但是，每个阶段的学习方式，背后有没有一个通用的逻辑呢？

我们说，活着就是学习。那么这个问题，就变成了：我们应该用一种什么样的方式活着？背后有没有一个通用的逻辑呢？

我们讲天生我材必有用，就是要找到你自己热爱的事业或职业。职场里如何脱颖而出，就是把你擅长和喜欢的优势发挥到极致；如何教育好孩子，就是你发自内心地爱他，希望他未来过得好；如何改变平庸的生活方式，就是对自己好一点，学会爱自己。

所有的一切，通用的逻辑就是"热爱"。

回到主问题，什么样的学习方式是好的学习方式？那就是你喜欢，你通过这种方式能收获快乐！

说白了就是寓教于乐！就是这个说起来很熟悉，但过去很少能做到的道理。不过，在中国未来的教育环境里，是真的有可能做到的。

3岁的时候，好奇宝宝点到某个挂图出了声音，感觉到自己的行为改变了世界而开心。

5岁的时候，看到手工做出来的行星，知道了行星的知识感到开心。

10岁的时候，听到了课堂上老师讲的知识很有趣，下课了还忍不住探讨感到开心。

18岁的时候，和同学探讨学习心得，自己解决了难题，感到开心。

25岁的时候，在工作中，和所在的团队一起解决了问题感到开心。

35岁的时候，自己一个人看一本书，愉悦了自己感到开心。

50岁的时候……

不管人生什么阶段，不管什么样的环境，"爱"是一切力量的源泉，也是解决一切问题的钥匙。

书看完就忘怎么办？

经常有朋友问我，说我知道读书很重要，但总是看完就忘，感觉什么都记不住，因此就不读了，再碰到书本就拿不起来了，现在都是看短视频，怎么办？

一个人书看完就忘，可能根本就不是个问题，是我们对自己要求太高了。我们从小到大读了多少书？都记住了吗？一说起高三是我们知识储备的巅峰，大家都举手赞成，这是为什么？因为后面绝大部分都忘了，你还记得微积分、概率论吗？还记得李雷和韩梅梅的对话吗？

我儿子乐乐两岁时候，就能背几十首唐诗了，到现在5岁，大部分都已经忘了。但是他通过唐诗认识了很多汉字，也积累了认识和记忆汉字的能力，另外就是培养了文字的语感，所以现在的乐乐能说会道，想表达什么都很顺畅，时不时还能自己说两句押韵的句子，路边的字基本都认识，自己看书也没有问题，这就是学习知识的过程留在人身上的能力。我相信，在未来的日子里，这些学习的过程会让他终身受用。

高三是我们知识储备的巅峰，但并不是我们人生智慧的巅峰，我们都是在学知识的过程中不断地积累智慧，这些智慧落在我们为人处世的每一个选择上，就形成了我们今天的自己。

但是大部分人在工作一两年后基本就停止了学习，说是十年工作经验，实际是一个工作干了十年，这样你人生智慧的积累就缺失了，而保持学习的人仍在增加智慧。学得对、学得多、学得快，智慧就是指数级增长，不学习就不增长，这就是我们人生拉开差距的根本原因。

所以啊，读书不在于记忆，不要逐字逐句都记下来，也完全没有必要，你只要带着脑子读就好了。古人说"读书破万卷，下笔如有神"，没有说"读书记万卷，下笔如有神"啊。所以不要因为记不住就不读书了。

为什么看过的书记不住？

原因很简单，就是这本书对你的当下没有用，或者不是你的兴趣方向，或者你的知识体系没有一个触角能够触到这本书的内容。比如现在有人说："中国人都应该读《本草纲目》和《黄帝内经》，因为这是我们国家的瑰宝。"但是你此刻并没有生病，也没有了解它的兴趣，只是因为这个推荐，你就硬生生拿起来读，这不但记不住，相反你的大脑还会抵触，因为没有相应的多巴胺分泌出来，你的大脑还以为你想用它来刺激你睡觉呢；另外，如果你的阅读量还很少，知识难以在脑子里产生共鸣，就不会发生化学反应，新知识与旧知识发生不了连接，就记不住了。

所以，读书一定要选择对你有用的，或者你很想搞明白一个问题的，或者你自身就很感兴趣的，这样不仅读起来不累，反而能够专注，大脑也会兴奋。

比如，我有一天看到有的小孩分享意识不够，我就想搞清楚怎么样能让小孩学会分享，于是就找了对应的几本书，还有一些优质公众号的内容，很快就读完了，也知道了是怎么回事，然后更进一步，迅速进行总结写出了一篇文章。

别人读书很厉害，一对比就放弃了，怎么办?

5 岁的乐乐沉迷在天文学的世界里，问我的很多问题，我最多只能回答出个大概，再往深了，我就不知道了。

比如这些：

为什么火星的表面是红色的，而海王星是蓝色的？

为什么土星是一颗气体行星？为什么土星有一个菲比环？

对于这些问题，我只能对乐乐说，你问得很棒，但爸爸也不知道，等以后你长大了找到了答案，也告诉爸爸，好不好？

一个为什么都回答不了，那如果连续问十个为什么呢？一百个为什么呢？

这引发我思考一个问题，我们的大脑掌握的知识，真的是极其有限的。

这个世界上，有太多的知识人类还未解锁，还有太多的知识虽然人类解锁了，但是因为脑容量有限，而且我们吸收知识的速度太慢，只装了一点点而已。

如果将知识比作太阳系，我们解锁的知识可能只是个蚂蚁大小的生物，被我们大脑吸收进去的知识，可能连个细胞核大小都比不上。

既然知识世界如此丰富，那么所谓的高知，其实和普通人也没有太大的差别。有的人自诩知识渊博，好像有多么了不起，一副咄咄逼人、高高在上的样子，例如有的主管经常颐指气使，自我感觉良好，开口闭口就训你几句，以后再碰到这样的人，不妨就笑笑得了。

其实我们每个人都是井底的青蛙，只不过有的人因为无知，不知道自己在井底，不知道自己不知道，以为自己看到的天就是全部，因此而狂妄。

所以，在学习这条路上，你大可不必因为和别人对比而感到自卑，因为从宏观的层面看，彼此都差不多。

虽然我们大脑掌握的知识有限，但即便如此，如果你正常初中毕了业，你读过的书，相比古人来讲，已经非常非常多了，古人说学富五车，五车书有多少呢？古代的书写在竹简上，卷起来，一卷书加起来也没多少字，古代的车也没多大，即使满满五车又能有多少字？以前的儒生读书学的是四书五经，有人说四书五经加起来还不及《平凡的世界》字数多，《平凡的世界》多少字呢？100万字。

所以，你懂的东西，可能比绝大多数古人都多。这么一对比，你就发现你其实也很厉害。

其实，真正的高知都是非常谦逊的，因为对于高知来说，他知道自己不知道。就像苏格拉底说，我唯一知道的就是我一无所知。

未知圈就是认知圈的外环，如果你的认知圈半径是1，再以同样的圆心画一个半径为2的圆，未知圈的面积就是 $\pi(2^2-1^2)=3\pi$，当认知圈扩大时，未知圈会跟着扩大，当认知圈半径到了3，以同样的圆心画一个半径为4的圆，那么未知圈的面积就是 $\pi(4^2-3^2)=7\pi$。7π 比 3π 可大多了，可见知道越多，不知道的也就越多。

所以，不管你懂得多与少，只要做一个谦逊的人，你的进步速度就会比别人快。而你能认识到和别人存在差距，则说明你本身就是一个谦逊的人。

刷短视频和读书有没有区别？

刷短视频和读书相比，在知识获取的角度来讲没有区别，包括看公众号、听老师讲课、和别人交流，都是通过一种媒介把知识传递给你。

但两者之间有一个核心的差异是，读书是需要你主动用眼睛去扫描的，而短视频是被动放给你看的。这个差异造成的核心问题是，短视频会主动推消费型快乐给你，而你很难拒绝，因此你会收到更多消费型快乐的视频。从而被当作流量被别人消费。比如无聊的女生经常忍不住要购物，空虚的男士要去直播间里打赏。

有两个好办法可以避免这种情况：一个是碰到娱乐视频就划走，碰到感兴趣的、长知识的视频就停留，把抖音彻底变成一个学习工具。一个是不用抖音，只用它做搜索工具，遇到问题搜一下。

但这两个办法，对很多人来说很难，因为盲目地刷短视频和盲目地看书，背后都有一个共同的逻辑，就是不清楚自己要啥。不解决"目的"这个根本问题，所有解决问题的"手段"看起来就都是不符合人性的。一旦解决了根本问题，你就没有时间去看那些不想看的书，或者去刷短视频了，问题也就自然解决了。

最后，怎么办比较好？

未来十年后你想变成什么样？看一看那些比你大十岁的人，他们都在干什么，你想变成他们那样吗？相信时间的力量，只要在一个方向上持续发力，一定会有质的变化的，水滴石穿就是这个道理。

如果你一时想不清楚这个问题，也没关系，因为你心中已经有一个问题了啊。有了问题，不管是读万卷书、行万里路、高人指路、自己开悟，你都已经走在解决问题的路上了。只要你持续下去，任何一种方式都会引导你玩好这场人生游戏。

但是请记住：

所有的解脱，都只能靠时间积累。

所有的道理，都只能靠自己领悟。

所有的改变，都只能靠行动创造。

学会偷师：牛人就在你身边

我曾经在许朝军的直播间逗留过一段时间，连线过程中，有一个房地产大佬在慢慢讲话，有粉丝在评论区评论："这个人讲话也太慢了。"然后我听到李一舟讲了这么一句话："如果一堆已经很牛的人，都在静静地听另一个人慢慢讲话，那么这个人一定是更高境界的高手。尊重高手，就是尊重财富。"

我想起湖畔大学的开学典礼，就是一堆企业家坐在院子里，安安静静地听马云讲使命、愿景、价值观。

其实，当我们的水平还很一般的时候，身边有很多人都是我们学习的榜样。对于一个普通人来说，高手其实就在你身边，谦虚的态度，是我们修心、积善的底层价值观，而且人的成长离不开榜样，成就卓越的人，都是通过学习榜样迈向卓越的。

重视员工闪光点的 T 总

我在华为的第一任主管是 T 总，那是 2009 年，我们一帮做核心网产品技术服务的新员工，再加上从各个代表处抽调的一些老员工，组成了一个接近 100 人的团队，负责全国核心网产品技术交付。2009 年和 2010 年正是国内 3G 网络部署的高峰期，所以我们这个团队的特点是大家常年都在各个省市出差，一年到头几乎很难照面，只有刚过完年的那一小段时间，大家才有时间聚一聚。

T 总在我的眼中，是一个不折不扣的文艺青年，经常会自己写很多文章，爱好摄影、音乐、汽车、养狗，是一个非常不典型的华为主管。如果用性格色彩来评价，我认识的大部分的华为主管都是蓝绿色偏好，蓝色偏重逻辑思考，绿色偏重条理务实，而 T 总则是典型的红黄性格，红色喜欢与人分享，重视团体，黄色极具创造力和想象力。

　　面对一个聚少离多的团队，让团队成员有归属感是一件很难的事情，但是 T 总做了几件事情，让这个团队紧紧地凝聚在了一起：第一，建立员工信息表，记录每个员工的出生日期、籍贯、爱好、家庭基本情况，这张表有很多用处，每个月都会在群里祝过生日的同事生日快乐，并送上生日礼物，尽量根据每个人的家庭情况人性化地安排出差地，尽管这并不是华为主流价值观鼓励的行为；第二，鼓励员工分享自己相关的爱好，每一两周安排一次，我记得当时我的好搭档瞿文心分享了很多关于汽车的知识，让刚毕业的我们学到了很多东西；第三，鼓励技术和非技术案例输出，鼓励分享专业知识，并且给每一位分享者回复或者点赞；第四，在内网建立一个专属社区，鼓励员工分享各地见闻，还举办了一次摄影大赛，征集大家在全国各地的照片并做成集子；第五，亲自做了部门相册，剪辑年度视频。还有很多事情记不清了，总之那时候的氛围是轻松愉快和活泼有趣的。

　　尊重每一个团队成员的诉求，发挥每个人的优势，重视每个人的闪光点，这是我从他身上学习到的。这一点在我日后的团队管理过程中，都会进行实践。

　　华为的核心价值观里有一条是"自我批判"，当然这条价值观主要是用在高级管理者身上。高级管理者每年要在内网向全员公开发布自己的自我批判心得。而我在团队内部管理时，则更愿意主张团队成员之间"相互欣赏"，每年开一次团队欣赏大会，让大家相互看到别人的优点。这有两个目的：一方面让大家更多地关注自己的优势，因为关注会放大，这就是顺应自己的内势；另一方面，是站在谦虚的角度吸纳别人的优势，海纳百川是以为海。我想这些管理思路或许正是来源于 T 总的启发。

　　T 总离开华为后进入婚庆行业，后来创立了"启蔻文化"，我在启蔻的官网上看到了很多句子，依然是文艺范十足。

追求进步的 L 总

　　T 总离职后，把工作交接给了我，我开始接手管理核心网团队，随后遇到了从巴基斯坦回来的 L 总，一个非常年轻的主管。而我在 L 总身上则见识到了另一种可能性，就是在华为，人是可以进步得很快的，而且在海外艰苦地区要比国内的进步快很多。

我认识 L 总的时候，他已经考上了清华经管学院的 MBA，那时我才知道他不仅在工作上追求进步，在学业上也孜孜不倦地追求进步，除了行万里路，他也在读万卷书，而我们身边的大部分人都是沿着延长线，每天上班、加班、休息，或者上班、休息。在 L 总的影响下，我后来也考了北大光华管理学院的 MBA，也因此见到了更多优秀的同学，多了很多学习的对象和同伴。

我从技术向管理转身，也正是受益于和 L 总一次一次的会议，我开始适应了业务管理的工作节奏，打开了我的视野。在 L 总的指导和鼓励下，我也逐渐认识到了自己的优势所在。

逻辑大神 D 总

在华为，机关、地区部和代表处的岗位性质有很多不同，我在地区部和机关干过，也去过很多代表处。机关的工作像大脑，地区部像神经中枢，代表处是客户界面的触角。每个岗位上的事，以及处事方式都存在区别，地区部的工作上接机关，下辖一线，对能力的要求很不一样。

在中国地区部跟着 D 总的那几年，是我在华为最忙的几年，但也是我的能力提升最快的几年。我跟着他讨论业务，经常讨论到半夜，在这个过程中学到的东西让我受用终生，比如如何深入分析业务的本质、如何从现象找到问题再找到业务的关键矛盾、如何直抵问题最底层根因，如何基于根因制订体系化的变革方案等，简而言之就是把事情"想清楚"的方法。在与他共同梳理问题的过程中，他的一系列业务管理思路后来深深地影响着我，而这一切的背后就是缜密的逻辑思维。回顾我日后的管理生涯，在处理问题的思路上，我身上多多少少都有他的影子，当这些管理理念逐步在我的大脑里形成"高速公路"后，遇到任何问题我也不会畏惧。

从他身上我学到的还有一点，就是宣讲和表达，也就是把事情"说清楚"的能力。2015 年，我第一次站在地区部服务年会的讲台上给代表处讲工作规划和工作要求，一开始我写了一套材料，感觉基本上把我的业务流程写清楚了，拿给 D 总，他说："我看不懂，你想说啥？"我解释了一遍，他又说："我听不懂，你到底想说啥？"反复了好几次，导致我对这句话印象特别深刻，中间放了一个假期，我和爱人去大连玩了几天，那几天我都没玩好，心里一直在想到底哪里出了问题，后来经过不断沟通，我才理解，我必须站在受众的视角写，要以听众为中心去宣讲。因此我又按照一线业务痛点——原因分析——解决办法的思路重写了一套材料，终于上得了台面了。当然，在之后的三年，在换位思考和逻辑的指引下，我写了很多过硬的材料，宣讲表达能力也在不断增强。

之后我做过 5G 项目的项目管理，做过 IT 产品的业务管理，对我来说都是新的业务，有了"想清楚"和"说清楚"这些固化在我身上的能力，我都可以从容应对。

关键先生 J 总

进入管理者序列后，因为要管的事情非常多，如果按照员工的工作方式继续做事情，会乱成一团，这也是我在管理初期常犯的错误。

J 总过来后，我发现他的工作方式非常简单且轻松，即把重要的事情交给明白的人，自己只抓最关键的方向和决策，这样不仅不会乱，反而可以取得很好的业绩。主管忙而乱，往往是因为业务没有梳理清楚，没找到最重要的事，或者是重要的事上没有明白人，需要在培养明白人这件事上花非常大的功夫。

这一点对于我日后团队管理能力的成长至关重要，也让我能够腾出时间学习和思考。

向下兼容的 Y 总

Y 总曾是我的上级主管，是中国区的副总裁，他的风格和之前的副总裁完全不一样。刚开始从海外调回中国区的时候，他不仅把自己的时间从早到晚全部排满，而且每周一次的业务例会，竟然是面向全员开放的，所有的业务决策过程清晰可见。当时我就在想一个主管要自信到什么程度才敢把自己向全员公开。

一小段时间之后，他对中国区的各项业务已经了如指掌，能与各个领域的专家顺畅交流，包括我的业务。更厉害的是，在晚上吃饭的时候，他还能讲最近看的书，把《三体》故事的精髓讲到让我们醍醐灌顶。有几次开年会，我们同住一个酒店，早上六七点钟，在酒店的健身房里，我经常碰到他在椭圆机上运动。

Y总让我见识到，一个高人真的可以做到全方位地向下兼容。另外，只要把时间用在正确的事情上，一个人大脑里的"高速公路"是可以有很多条的。

我后来还见过很多牛人，因篇幅所限无法一一道出，我发现越是高层次的人，他们的生活越是健康规律，思想越是兼容并包，处事越是心明眼亮。这也和我在EMBA同学圈见到的人一样，他们大部分人身上都有运动健身、热爱学习的特点。

当我不断吸收着身边人的"营养"成长时，不知不觉我自己也发生了很多变化，比如我的自卑感少了很多，处理事情的方法成熟了很多，也更加能够包容身边的人。我想起刚刚入职的时候，面对代表处总经理这类角色时，总觉得那么高不可攀，恨不得抬头仰视，感觉他们像是神一样的存在，后来随着自己能力的成长，慢慢也能分辨出哪些人是真有水平，哪些人的业务能力其实还有很大的提升空间。

学会谋划：运筹帷幄才能决胜千里

在EMBA同学群里，有同学转发了一个《风起陇西》的电视剧公告，起因是其制片人是我们的一个同学。爱屋及乌，同时也因为这个剧是我特别喜欢的三国题材，我从头到尾看了一遍，让我再次对作者马伯庸的想象力叹为观止。我最早接触马伯庸源于一本《三国配角演义》，其中有好几个关于三国历史迷雾的构想，都让我在看这本书的时候完全停不下来，故事性非常强，感兴趣的读者可以去翻看。

三国这段历史之所以这么好看，其中最重要的原因就是谋略出众，如郭嘉、诸葛亮、司马懿等，都是著名的谋士。

建安二年，曹操征讨张绣失败，袁绍写了封信来羞辱曹操，曹操大怒，郭嘉适时出来给曹操排忧解难，给曹操提出了著名的"十胜十败"说。正是这个看清局势的"十胜十败"说，对曹操制定短期和长期目标有了很大的推进作用，还大大鼓舞了曹军的士气，最终支撑着曹操打败袁绍，统一北方。

诸葛亮的《隆中对》提出："将军既帝室之胄，信义著于四海，总揽英雄，思贤如渴，若跨有荆、益，保其岩阻，西和诸戎，南抚夷越，外结好孙权，内修政理；天下有变，则命一上将将荆州之军以向宛、洛，将军身率益州之众出于秦川，百姓孰敢不箪食壶浆，以迎将军者乎？诚如是，则霸业可成，汉室可兴矣。"虽然后来因为蜀汉落败，历史学家和政客们对《隆中对》褒贬不一，但至少在当时的历史条件下，正是这一谋略帮助刘备在一无所有的时期，找到了一条可能统一天下的通路。

司马懿可以说是《三国演义》中最懂谋略的人之一，因为他是三国最后的大赢家，任何时候，他都在分析局势，采取最有力的措施，而这就是谋略。诸葛亮曾经把女人的衣服送给司马懿，想以此激怒司马懿，而司马懿不但不怒，还把诸葛亮送给他的女装穿在身上反气诸葛亮，也正是他的沉着冷静，让神机妙算的诸葛亮最后都拿他没办法。

谋划的重要性

在工作中有一类人，总是看不惯领导成天开会，他们认为真正有效的工作在于客户沟通、调试设备、写表格写文档等，认为没有实打实的产出工作，就是浪费时间、浪费金钱。

有一次，我参加地区部的一个主题研讨，由地区部总裁亲自主持。总裁喜欢在会议室踱来踱去，这个研讨又持续了两天，到了第二天下午，有位王主管有点坚持不住了，离席去干别的事情，总裁踱步过来发现他不在了，就让人叫他回来继续讨论，他回来说我还有好多事要做呢，总裁说了一句话我至今印象深刻："想清楚，这比你要做的那些事，重要得多。"

有句话说："不要用战术上的勤奋，掩盖战略上的懒惰。"这句话应该适合绝大多数人，有多少人想过，我们当前的工作与生活真的是我们想要的吗？《隆中对》是因为刘备和诸葛亮他们心中有目标，并且主动去寻找路径和方法，才会产生的。而我们绝大多数人，就是每天被动地上班下班、上班下班。

每当深度分析局势发展、思考问题本质的时候，往往会出现各种各样可能性的假设，这时候和王主管一样的很多人就会感到厌烦，认为把这句话解读成：想那么多有什么用，最后到底怎么样谁知道呢？陈赓大将有一句话："枪声一响，计划作废一半。"这句话似乎给不愿意深入思考的人拿去做了借口，认为做那么多计划是没用的，因为反正要作废一半，所以不要想得太多。但是我认为这句话的正确解读是：第一，战场形势万变，不要死守原计划；第二，计划作废了一半，接下来要根据枪声响了之后的新形势，重新制订计划。

为什么我翻来覆去地论证谋划的重要性，就是因为现实中有太多人很难静下心来想清楚，并且越来越多的人会告诉你，别想那么多，往前冲就是了，殊不知这样，失败的概率会大大增加。

再比如我们下棋，你要先学习完规则，再总结一套你自己的方法，面对什么样的对手应该怎么玩，这就是谋略，然后再按这套方法在实际中学习，如果发现这套方法有效性不高，那么就再次审视优化你的方法，重新谋划。而让你往前冲的人，会告诉你，想那么多没有用，直接上场。你想想哪个赢的概率会高一些呢？实际上这就是专业和业余的区别，打过羽毛球、台球的都知道，经过专业训练和自己练，水平差的不是一点半点，工作、创业也是同样的道理，把事情谋划清楚，比你盲目行动要重要得多。

如何提升谋划的有效性

所谓谋划，就是遇到任何事情都要评估当下的形势、主动思考，制订行动计划。提升谋划的有效性，我认为有四个关键点：一是要尽可能多地获取信息；二是要永远保持主动性；三是持续提升自己对事物的认知水平；四是制订行动计划要掌握方法。

首先，要尽可能多地获取信息。

我们所有的谋划，都是基于掌握的信息来做的，为什么古代打仗离不开间谍，主要就是为了信息。

信息的价值远远大于你的想象，实际上整部商业史就是在对抗信息差。刘润老师的《商业通识课》里面，讲商业的本质是交换，而阻挡交换的两条恶龙，一条是信息不对称，一条是信用不传递。机灵的商人会把信息不对称当朋友，这样他就可以利用信息差赚钱，比如倒买倒卖，而伟大的商人则致力于消除信息差。人类社会一定是朝着降低信息差的方向发展的，比如集市、超市，他们不生产任何产品，仅仅陈列商品让顾客购买，从交易的过程中获取利润，本质上赚的就是信息差的钱。互联网的出现使得信息差急剧下降，过去我们要买一个东西，需要到集市、超市，现在只要上网动动手指就可以，降低了购买方的搜寻成本和比较成本。信息极大地促进了交易的便利，如今互联网电商很多成了上市公司的头部企业，就是因为信息已经聚集到互联网上了，这就是信息的价值。

工作中，绝大多数人都是被动的，有的甚至不了解自己部门的目标和重点，更谈不上了解公司的发展思路和拓展计划，这些重要的信息在他们眼里，就像电影里的背景语言一样直接被忽略。眼里只有手中事情，仅限于了解被动塞过来的信息，这样怎么能做得好工作呢？

创业就更不必说了，如果你选定了一个方向想要持续投入，那么这个赛道属于哪个行业、这个行业是什么样的现状、国家政策如何、预期市场空间如何、竞争程度如何、什么是你的核心竞争力、营销手段可以有哪些、预期投入有多大，这些信息如果都不知道，你就好像跳进了一条不知深浅、不知边际的河。哪怕你在小区附近开一个饭馆，也应该调研一下人流量如何、竞争情况如何，以及你的差异化菜品是什么、什么样的方法能吸引到周边人群、租金成本多大、初始的人工成本多大等，这都是你谋划的过程。

第二，永远保持主动。

四渡赤水之所以经典，就是因为毛泽东善于化被动为主动。蒋介石动用了多于红军十几倍的兵力，而红军人少、环境恶劣、装备落后，但是蒋介石的天罗地网就是逮不住红军，不管是南北夹击还是搞包围圈，毛泽东总是能看清局势，趁机主动出击，整个战争过程，他一次次袭击蒋介石的军队，不断俘虏敌军，反而壮大了自己。

《为什么是毛泽东》一书里说："中国地方大得很，这里不成走那里，只要我想走，总能找到敌人的薄弱环节，一旦有机会我还要咬你一口。"

本来是被追杀的被动局面，但是毛泽东巧妙地利用自己小而灵活的优势，主动牵引敌军，反而把敌军弄得团团转，这就是保持主动的优势。在任何艰难困苦的环境中，你也可以冷静思考主动应对。

比如，我们工作中，有时候需要上会申请决策某项工作的处理方式，那么，最好是在会下就沟通好利益相关人的意见，每个领导关注点是什么，是否解决了他的疑虑，材料中的内容是否涵盖了他的关注点，这样的主动出击可以极大程度上减少你的二次返工，同时避免你在会上遭到大面积的反对。华为公司相对较高层级的会议，会前沟通是一个硬性要求，从机制上就要求操盘的人要主动沟通。

又比如，我们创业，想要拉一笔投资，那么投资人的关注点是什么，投资人是如何决策的，最好先主动约投资人面对面地简单沟通一次，这样再次沟通时就可以极大提高成功率。

第三，在实践中学习，持续提升认知

《风起陇西》这部剧里，马谡之所以丢掉街亭，是因为诸葛亮拿到了错误的情报：曹魏的主力部队不会走街亭。诸葛亮根据情报决定，自己亲率主力部队迎敌，让马谡去守街亭。但没想到情报有误，魏军派了主力部队来打街亭，最终导致马谡被杀。情报很重要，我们说过，一定要尽可能多地获取信息，但更重要的是，情报到了主帅手里，主帅最终如何做决定。

作为一个有经验的主帅，判断情报的真伪、如何部署兵力，都是胜败的关键，尽管诸葛亮得到了敌人的情报，说敌人不会走街亭，但诸葛亮依然派了马谡去守街亭，这说明诸葛亮非常重视街亭这个战略要地。也就是说诸葛亮已经隐隐感觉到这儿是有风险的，这是一个久经沙场的将领对当时形势的正确判断，但他在部署兵力时并没能确保街亭万无一失，这又是主帅的判断失误。所以，对当下环境的认知非常关键。为什么人是在摸爬滚打中变得成熟，因为摸爬滚打就是不断提升自己认知和判断能力的过程，当然也有很多人摸爬滚打一身泥，依然不成熟，这说明他没能从成功和失败中获得提升。

运筹帷幄之中，决胜千里之外，这是刘邦对"汉初三杰"之一张良的评价。为何刘邦对张良的评价如此高呢？就是因为张良对事情的认知足够高，关键时刻他能比别人看得更清楚。张良为刘邦谋划过许多重要的策略，如解生死鸿门宴、得汉中破困局、召诸侯攻项羽。在功成名就之后，张良果断选择远离朝堂，面对刘邦的封赏，他说："当初我变卖所有财产，为的就是向秦王国复仇，而引起天下震动，而今我仅凭口舌的功劳，就获赏一万户侯爵，这是一个平民最高的极限。我现在的愿望，就是追随赤松子，离开这个烦扰的世界。"张良最终只愿留受封地，告老不问世事。这说明张良在帮助刘邦取得天下之后，依然保持着冷静思考。

张一鸣说："我最近越来越觉得，对事情的认知是最关键的，你对事情的理解，就是你在这件事情上的竞争力，因为理论上其他的生产要素都可以构建，要拿多少钱，拿谁的钱；要招什么样的人，这个人在哪里；他有什么特质，应该和什么样的人配合。所以你对事情的理解越深刻，你就越有竞争力。"这是张一鸣 2022 年 3 月的讲话，可见，人越成功时，反而越发感受到认知的重要性。

怎样提升认知呢？简单讲就是不断学习、实践，通过不断处理问题或者学习新的知识，加上持续的思考，变成一种自然的习惯，让大脑中的"高速公路"越来越多，最终就会变成一个认知水平很高的人。比如，以张良的学识，一定明白鸟尽弓藏、兔死狗烹的道理，所以他在功成名就之后知道该如何做出有利的选择。

第四，制订计划，要掌握方法，第一次胜利首先在脑子里。

《孙子兵法》的"始计篇"，很多人对"计"的解读有误，把它理解为计谋、诡计，但《孙子兵法》真正想说的其实是计算。计算什么呢？计算敌我双方的胜负可能性，在战前就判断胜负，计算完结论是胜，才打，如果不胜，那就不打。

怎么计算呢？《孙子兵法》说："故经之以五事，校之以计，而索其情。一曰道，二曰天，三曰地，四曰将，五曰法。"总结全篇就是五事七计，五事是道、天、地、将、法；七计，是主孰有道、将孰有能、天地孰得、法令孰行、兵众孰强、士卒孰练、赏罚孰明。其实就是比较敌我双方的政治、天时、地利、人才和法治。

在《华杉讲透〈孙子兵法〉》一书里，作者将五事七计类比为管理中的

SWOT分析,就是基于当前的形势把我们的优势、劣势、机会、威胁全部列出来,然后用系统分析的思想,把各种因素相互匹配加以分析,从中得出一系列相应的结论。这一比喻非常恰当,有了SWOT分析的基础,我们就有了制订计划的基本思路:发挥优势,克服弱点,利用机会,化解威胁。

我们往往会被以少胜多的战争故事吸引,这是因为我们总是对那些意料之外的事情感兴趣,投入注意力。人们关注的东西会被放大,所以这些故事才会流传开来,而事实上绝大多数胜利的战事都是以多胜少,而以多胜少,往往显得平平无奇,所以容易被人们忽略。就比如象棋冠军许银川和一个业余选手下象棋,许银川赢了一万局,大家觉得很正常,业余选手赢了一局,大家觉得不可思议,对这一局就会格外关注。

而《孙子兵法》全篇讲的,恰恰都是如何以多胜少,通过计算胜利的可能性,再决定战与不战。孙子曰:"兵者,国之大事。死生之地,存亡之道,不可不察也。"你看,孙子把兵者定位到生死存亡的高度,他是不可能把自己置于险境的,因此先做SWOT分析,确定自己能胜利之后,再进行下一步的行动,是很有必要的。

比如,我们现在看郭嘉的"十胜十败"说,就是非常典型的SWOT分析,郭嘉也正是因此,才在离开袁绍阵营六年之后,选择投奔曹操。

我们很多人在考虑换工作的时候,往往一份简历走天下,这就好像打仗在碰运气。如果你能认真做好岗位需求分析,分析自己的优势、劣势、机会、威胁,匹配自己的技能,重新刷新你的简历,在面试的过程中注意扬长避短,你就能将成功的概率提升几十倍。

走出职场,进入创业的赛道,你则要根据你搜集到的信息,做好SWOT分析,选择属于你的细分市场,发挥你的优势,克服你面临的威胁,让自己立于不败之地。所以,和战争一样,成功的创业就是平平无奇的,而且投资者最喜欢这样的企业,一旦创业者真正想透了这几个关键点,融资成功也是水到渠成的事情。

过去可能你听说过这样的案例,有的人在很短的时间里,破釜沉舟、背水一战而逆袭成功,甚至你身边可能还出现过炒股发了大财的人,但是我劝你最好不要去学这些案例,因为你靠运气挣来的钱,迟早要靠运气给出去。

有人曾调查过中彩票大奖的人的最终结局，结论是：安稳已是万幸，其他一个比一个惨，总结起来一共三类：第一类是疯狂消费，坐吃山空；第二类是众叛亲离，家破人亡；第三类是盲目投资，倾家荡产。

踏踏实实提升你谋划事情的能力，让自己配得上社会给予你的财富，你才会立于不败之地。

学会做选择：你的人生是你选出来的

2018 年，当我迷茫时，一个同期入职的同事从海外回来，他即将被提拔为海外国家的副代表，我张罗了一个饭局给他庆祝。饭局上我们聊到他即将去的国家的代表也是 2008 年入职的，年纪竟然比他还小一岁。我们一致认为，在华为，从事销售比从事技术服务的进步要快得多。

华为中国区的销售人员大概只有技术服务人员的 1/5，但是管理岗位的人数却是差不多的，可见销售人员的成长空间就是技术服务人员的 5 倍，销售人员的晋升激烈程度也比技术服务人员小得多。华为几乎所有的代表都出自销售线，而技术服务人员在代表处的晋升空间最高也就是副代表。当然做到副代表之后，你依然可以转型去销售线，进而再走到代表岗位，有少数人也走出了这样的路径，但是总体来说从事技术服务想要再往上走，比从事销售要困难得多。

让我感叹的是，这么多年，我们竟然从来不知道这件事，或者说知道却没把它当一回事，直到沿着延长线一直走，走到后面落后了，才发现原来我们走了一条艰难的"泥泞"路。

当然，从事销售与从事技术服务需要的素质模型是不一样的，不一定所有人都适合销售岗位，也真的有人从技术服务或者研发转去做销售，结果做不好，但这不是我想说的重点。我想说的是，我们是否思考过更多的选项？或者说我们有没有主动去获取足够的信息，支持我们做出更好的选择？

我们人生中绝大多数时刻，都是按部就班地生活和工作，实际上这是一种被动选择。被动选择，就是基于当下的条件，做的最容易的选择，因为这样是最不费力的，但是往往在不久的将来，我们却会因此而遗憾或后悔。

我人生中的重大选择

我人生中有一段经历，是我们家关于"是否要让我辍学"的一次重大选择。

我上初中那几年，家里收成不好，父母总是其中一个人外出打工挣钱，另一个人在家里照顾我和弟弟。有一段时间，母亲去了福建，跟着村里的人一起去做衣服。初二的一天，我正在上自习课，突然有同学告诉我说，你爸爸在窗户那里，叫你出去。我一看果然是父亲在窗外招手，于是我放下书本跑出去，父亲很平静地说："家里没钱了，不读书了吧？"我说："哦，好。"我木讷地走进教室开始收拾书本，同桌问我怎么回事，我抿一抿嘴说家里没钱了，读不了书了。

其实那几天学校并没有收什么费，父亲来得这么突然大概是心里早已经有了这个念头，他大概认为我退学是迟早的事情，迟退不如早退，既可以省下很多钱，也可以早点和别的孩子一样出去打工，家里的消耗小了，挣钱的人多了，还可以早一点脱离这种艰苦的生活。我父亲是个直接得不能再直接的人，他让我把东西收拾好就走，连退学手续也不办，甚至没跟老师打招呼。后来我的班主任朱老师听到消息，追到学校大门口，把我和父亲拦下来，试图和我父亲交涉一下，让我继续读书，但是父亲的态度很坚决，即使我大哭，我们最后还是离开了学校。

我在家里待了四五天，天天下雨，我每天在家里整理读过的书，找了一个柜子，摆放得非常整齐。村里人见我上学的时间还在家待着，也觉得很奇怪，问我是放什么假了吗？

关于我要出去打工的事，我和村里人都没有任何心理准备，虽然我的小学同学有90%以上都辍学务工去了，我的几个表哥也相继在小学毕业、初一之后去了广东、福建，但我其实从未想过我打工会是一个什么场景，因为我那时已经近视300多度，初一就戴上了眼镜，和打工的孩子看起来完全不一样，并且我们村的人出去打工主要是做衣服、做鞋子等手工，而我一坐在缝纫机前就明显感觉非常不搭，更何况我在我们村的小学是出了名的学习好，小学五年，我除了四年级的期中考试不是第一名，其他期中、期末考试都是第一名，五年级的下学期我已经被选为村里唯一的奥林匹克数学竞赛苗子，六年级就开始到镇上的"超常班"住校学习了，在村里人眼里，我似乎是一定要上大学的。

那几天，我和父亲之间的话也很少。有一天他突然说："还想不想上学？"我说"想啊"，他说："收拾一下，送你去学校。"那是我唯一差点辍学的事件，后来我才知道是母亲得知了这件事情，打电话叫父亲送我回学校。

在周边 90% 以上的同学都辍学，而家里的条件又那么艰苦的情况下，我父亲做了一个简单直接的决定。后来我问他："要是你知道今天我们的生活状况，你还会选择让我辍学吗？"他说："那时候谁知道呢。"母亲却说："读书肯定比不读书好，你知道这一点就可以了。"

我们的人生面临着无数的选择，很多时候我们不知不觉中就会像我父亲一样，基于当下的条件来做选择。而我母亲的选择，是难而正确的，即便为此要长期忍受痛苦，为此要拼命挣钱。

比如找工作，你只是看现在手上有几个 offer，比较一下哪个最好，却没有认真想过，自己在哪个行业哪个公司会有更大的能力提升，会有更大的可能性，还可以去争取什么 offer。

又比如找岗位，你有没有想过哪些岗位更有利于自己的发展，更有利于自己的优势发挥。

我们需要的，是像我母亲那样，把视线拉长，抬头看一看远方，做难而正确的选择。

人生和麻将牌局一样，都是选择概率游戏

很多人并不知道选择意味着什么，其实每个人的人生，都是在一次又一次的选择中过来的，选择在哪个城市生活，选择在哪个学校上学，选择在什么公司上班，选择是否创业等，不同的选择可能就意味着你有不同的人生，所以选择其实意味着人生本身。

其实，人生和麻将牌局一样，都是一个选择概率游戏。只不过麻将可以有下一把，人生却没有下一次。

每一把牌局，拿到手上的 13 张牌，就好像我们生下来每个人所处的环境一样，全部都是掷骰子决定的，极少有机会 13 张牌组成清一色，就像只有极少数人能生在顶级富豪家庭，大概率是一把饼筒万、偶尔有一两个对子这样的起手牌，就像我们大概率出生在家境一般的家庭，没有特别好，但也不会特别差。

如果给起手牌的牌型打一个分的话，坐在桌上的 4 个人，分值一定会有差距，但不会特别大。当然，有的时候，你也免不了要和"天然的清一色"这样的富二代去竞争。

怎么增加赢的概率？

打麻将起手拿到一副很差的牌，是不是一定会输呢？当然不是，打过麻将的人都知道，一副烂牌有时候也能打成清一色。

我们先看一下游戏的全过程，以血战到底为例，麻将牌一共三个花色，每个花色 9 个数，36 张牌，一共 108 张牌。我们初始拿到手上的牌是 13 张，4 个人就是 52 张，还剩下 56 张，经过 14 轮左右的换手，最终实现和牌。

也就是说，你可以在打的过程中，通过 14 次以内的换手，获得一个最佳的和牌牌型，而每一次换手都是一次选择。这个过程其实和人生是很像的，我们的人生也是由"选择"决定的，只不过人生的"选择"每时每刻都存在，而牌局只有 14 次左右。

你选择上学和不上学，就是两种人生境遇；你选择一个什么样的工作，就决定了你未来一段时间能挣多少钱。

牌局中，每一次换手，其实也在决定你这一把能不能和。你每摸一张新牌，手上有了 14 张牌，你要打出一张，此刻你就拥有了 14 种选择，如果标号 1—14，结合场上的局势动态分析，你打出第 1 张，和牌的概率是第 1 个数，打出第 2 张，和牌的概率是第 2 个数，以此类推，每一次你都拥有 14 个选择，如果每次你都能选择和牌概率最大的那张，那么相对来说，越到后面你的竞争力一定越强，也许到了第 7 手第 8 手你就能和了；如果你每次都去选择和牌概率最低的那张牌，那么你一定赢不了。人生的选择也是一样，选择那张让你的竞争力越来越强的牌，成功的可能性才会越来越大。

有时候摸到一张关键牌，你和牌的概率就会大大增加，就好像你抓住关键资源，人生就会一路坦途；有时候打错一张关键牌，又会导致满盘皆输，人生也是如此。

人生每一步选择，对你未来的财富和幸福来说，其实都是一次概率重置，所以你一定要知道，什么样的选择会加大幸福的概率，就好像此刻是选择消费型快乐，还是创造性快乐，哪个会增加你未来幸福的概率呢？

你有没有发现，我们大多数人都是被动选择的，根本就看不到选项，或者对各种各样的机会视而不见，就好像牌局一开始，你就选择了自动托管，换了 14 次手，却还是最初的模样。在职场，有的人 5 年晋升了 5 次，有的人还在原地踏步，多数情况都是自动托管的结果。

什么时候值得搏一把?

如果你的起手牌型有 9 个牌花色都一样，比如都是筒，而你有 14 次换手机会，换来 4 张筒的概率几乎是 100%，那么你不做清一色，就有点傻了。但是如果你已经摸了 8 张牌，都没有筒，你就要考虑放弃清一色了。

而如果你的牌型是个 445，要强扭成清一色大概率是比较困难的，因为你只有不到 5 次机会能拿到同一个花色，即使加上碰牌，能和成清一色的概率也是很低的。但如果你连摸四张都是一个花色，就可以考虑了，因为剩下的 10 次换手机会，有 3.3 次的概率可以拿到这个花色，而且因为手牌的累加效应，碰牌还会极大提升这个概率。

人生选择也是一样，如果你手上的资源与能力比较差，就先不要强行去选高风险、大投资的事业，一定要这样选，大概率会失败。如果你的资源与能力已经有了很好的基础，此刻，搏一个大的未尝不可。

这个道理也提醒我们，在选择离开职场启动自由职业或是创业之前，一定要充分准备好相应的资源与能力，这样才能增加我们胜利的概率。

只有对未来充满希望，牌局才会给你希望

当你拿到一副 445 的牌而且 13 张都不挨着，你可能会一拍大腿，什么烂牌啊。这时候你可能会说，这把就这样了，下把再说吧。

如果这把牌是第一把也是最后一把呢？你还会用这样的态度来对待它吗？

要知道，牌局中，先天的13张牌只决定了一半，剩下还有一半可以去折腾，并且每一次选择都会增加你和牌的概率。

人生中，先天的条件只决定了一点点，你还有数不清的选择，可以让你的人生变得更加美好。

另外，牌桌上有另外3个玩家陪你一起玩，他们是竞争对手，因为牌局是个零和游戏，同时也有合作关系，因为很多时候你碰牌是需要靠别人的。而人生中，有几十亿人陪你一起玩，而且人生不再是零和游戏，大多数时候可以实现共赢，所以你没有竞争对手，一方面你不必在和他人的竞争中获得幸福，你只需要未来的你比现在的你更精彩就可以；另一方面你在帮助他人的过程中收获财富，他人也在帮助你的过程中过得更好，所有的人都在帮你获得幸福。所以，人生这场游戏，本身就是充满希望的。

当下的境况已然如此，躺平抱怨没有用，只有对未来充满希望，人生才会给你希望，做好接下来的每一次选择，最后一定可以收获财富与幸福。

学会贴标签：十倍放大你的价值

你知道圣诞老人的形象为什么是红色的吗？关于这个问题，很多人都没想过，可能只有很少人知道，圣诞老人的形象其实是可口可乐公司设计的。

可口可乐公司一开始是没有这个计划的，但是他们有一个痛点，就是发现人们在冬天不喝可乐，于是就想解决这个问题，让可乐在冬天也能售卖。他们找了一个设计师设计了圣诞老人的形象，结合可口可乐公司的文化，就使用了可口可乐常用的红色，再结合可口可乐的品牌形象，把他变成了一个白胡子、穿着红色衣服的圣诞老人，而在此之前圣诞老人并没有一个固定的颜色和形象。

通过敏捷的传播，这个圣诞老人的形象已经深入人心，最终不仅解决了美国人冬季不喝可乐的问题，同时圣诞老人的标签，也给可口可乐带来了巨大的价值，利润翻倍，品牌影响力也得到了飞速提升。这就是高级的企业营销，它不仅能改变人的习惯，而且能在人的大脑里植入一个你想忘也忘不掉的形象。

对我们个人来讲，需不需要做营销呢？如果你想在这个社会有更大的价值，那么营销可就太重要了。如果不做任何营销，在这样的时代，还指望酒香不怕巷子深，等着别人发现你？那你的价值恐怕很难变大。营销的意义就在于放大你的个人价值。

如何做好个人营销？

我总结的个人营销方法论叫：贴标签。

什么叫贴标签，就是主动给自己打上一个专属的符号，让它能代表你去跟这个世界对话。我们做企业是非常明确的，每一个产品都会给它取一个名字，会有一个宣传口号。但是往往到了我们个人身上，就会忽略这一点，所以我们要结合企业营销的思路来武装自己。

我们先来说几个案例：

比如所有人见到那个缺了口的苹果，都知道是苹果公司，这就把苹果的品牌形象立起来了。

又比如中国的阿里巴巴有一个传播成本非常低的名字，因为全世界所有的语言读阿里巴巴都是"Alibaba"。还有拼多多，有一段朗朗上口的旋律，这就是贴标签的重要意义。

再比如我最近看抖音，有很多教大家做抖音号的，如"世界抬杠冠军大蓝"，他为什么叫抬杠冠军呢？其实意味着他想强调自己思考的深度。首先冠军，是他自己封的，定语是抬杠，意味着对所有观点的反驳，为什么他能反驳？因为他做了深度思考，所以这个标签里面，蕴含了很多精神内核。

还有一个拥有千万粉丝的博主"保护韭菜的财经博主温义飞"，这个也是一个非常清晰的标签，他的名字起得非常好，因为只要炒股的人都知道韭菜，所以他这个标签"保护韭菜"，很多人便都知道他的定位是什么了，他能拥有千万粉丝，可能就是他的名字起得好。

为什么要贴标签？

首先，你贴一个标签，就是在明确地告诉周边的人，你能提供什么样的价值。

比如你的产品是空调，该打一个什么标签呢？"好空调，格力造"，就是告诉大家这是好空调，意味着传播品质，你要买好空调吗？买格力。我们不是差的空调，不是打性价比的，这就是格力传递的一个价值。

又比如我以前在技术支持中心工作的时候，每天的工作就是处理客户的各种技术问题。有一个技术高手，给自己起的签名是"问题终结者"，这个签名用在他的各种邮件、通报中，加上确实技术水平高，因此他的口碑很好。

其次，标签出来后，便于传播，放大你的价值。一旦传出去了，所有人都知道你在干什么，这就是一个很好的广告。

比如在工作的时候，我们用一个职位来宣告你的价值，技术工程师，就是能解决技术问题的人。这是被动标签，我们平时很少主动打标签，但很多能够成事的人，他们往往都是主动打标签的高手。

在公司里有一些看起来很复杂的事情，如果申请成立一个项目组，就会简单许多。这个项目组实际就是一个标签，不仅有领导的背书，还可以更方便地调动内部资源。

如果你负责的领域有新产品要上市，最好成立一个新产品上市的项目组，你来做项目经理；做企业内部的人力资源变革，也成立一个变革的项目组，你来做项目经理。

这个项目组的标签一旦广而告之，你的名字也将跟着传播出去，这就是标签的力量。

再次，促进客户行动，为你买单。

比如红牛的一个广告语，"困了累了喝红牛"，很简单一传就知道了，一个"喝"字直接促进行动。红牛有一段时间把广告语改成"你的能量超乎你的想象"，虽然看起来很高大上，但其实对品牌传播没有太大的益处。因为越高深的东西意味着门槛越高，大家理解起来难度就越高，需要做很多转换才知道你要说什么，而"困了累了喝红牛"就很直接，所以说标签最好直接贴到用户的心里去。

再比如工作中，一旦有了项目组，不仅你做起事来轻松多了，而且项目组的标签也会在评价你的绩效与能力的时候形成重要背书，从而促进你的"客户"为你买单。管理团队对你年度表现的评价很多时候都是由一两件关键的事情决定的，如果你全年没有一个标签的话，就会很失败。

所以，当我们要做一些事情的时候，要懂得把事情包装成一个标签。闷声做事情是不行的，因为一般在大企业里，很多事情都需要跨部门协作，一旦你闷起来，别人就不知道你在做什么，不知道你的目标，也不知道你需要什么支持，还有你内心的抱怨，别人都不知道，这就不利于信息互通和分工协作。所以说打标签，才是正确的工作方法。

最后，贴标签的意义是帮助你自己进步。有时候，我们贴了一个很大的标签，可能导致自己压力很大，担心自己不够完美，感觉自己冒了很大风险。但是，风险本身就是人生的一部分，要敢于去冒风险，你才可能会有收益。

比如说"好空调，格力造"，格力也有压力，格力的空调也不是十全十美的。学过统计的人都知道，产品质量都是呈正态分布的，一定会有出问题的产品，没有任何东西是完美的。

所以，你必须要敢于设置人设。比如说"世界抬杠冠军人蓝"，他肯定也有搞错的时候，但是错了又怎样呢？真的遇到问题，承认错误就行了。工作中也是一样的，你是变革项目经理，也不可能一开始就想清楚所有的变革方案和细节。

我在华为中国区做过用工模式的变革，我取的标签叫"IMC变革"，在大会上讲过几次之后，所有人都知道我要做这件事了，但是一开始我并没有考虑得特别完美和全面，都是通过与周边部门沟通和客户的反馈，慢慢地把方案变全面的。因此，虽然我强调要敢于贴大的标签敢于迈出去，但是，在面对问题的时候，一定要有"虚心接受，一定改进"的态度。

总之，想清楚你能力提升的目标，把这个目标变成你的标签，包括你的个性签名、你的邮件通报；对于你所承接的各项任务，也尝试打上标签，让周边的人尤其是你的"客户"，都清楚你的价值，你努力工作的成果才会十倍放大。

学会讲故事：十倍提升你的领导力

有一家创业公司，前几年发展得不错，员工已经发展到一千多人，但是疫情来了利润大幅下滑，而整个薪酬体系已经基本成型，矛盾就出现了，由于利润不足，公司极有可能养不活这千人规模的团队。

有一次在全员大会上，公司业务团队讲了当前面临的困难以及即将做出的改变，同时人力资源部对比了业界各公司人力成本的情况，显示出公司的薪酬体系比行业平均要高出许多，并且讨论了很多降低成本的措施，甚至包括手机话费、日常用电等都要求一切从俭。

本来公司向员工告知困境和管理导向，这是公司政策开放好的方面，但是员工听到这些信息，不仅隐约感觉加薪无望，甚至觉得，公司是不是认为员工的薪资过高耽误了公司的发展？员工私下间讨论的话题也是：我们是不是马上要被降薪了？是不是就快要裁员了？公司是想赶我们走吗？

听到这家公司的故事，我想起了华为面临困境时的做法。

2018年开始，华为面临美国多轮制裁，任正非一方面向外给客户树立信心，不断向外界传递声音，指出制裁对华为影响可控，甚至感谢美国给华为做了广告，提升了华为的知名度，美国的打压正是在证明华为产品的好；一方面对内，调集精兵强将直面业务连续性的困难，给他们加薪酬、加激励，员工也没有退缩，纷纷表示愿意加班加点与公司共渡难关。

不仅在艰难困苦的时候如此，华为在日常的管理中也是一样，就像任正非曾说过的那样，华为的成功，很大意义上来说就是人力资源的成功。为什么这么说？华为第一任人力资源总监张建国有一个比较清晰的解读，他说他把企业家分为三类：第一类是技术型的，公司的寿命取决于产品的寿命；第二类是销售型的，公司能做多大，取决于老板掌握多少客户资源；第三类企业家既没有技术也没有特殊的客户关系，但是他会把人用好。任正非既不懂技术也没有客户关系，但是他在用人方面确实是非常独到的。他最独特的理念，就是敢于分钱，包括远高于业界标准的基础薪酬设计、基于业绩的超额奖金和虚拟受限股分红。

在创业初期，华为还没有多少钱分的时候，他就跑到员工中间跟他们聊天，给他们画一幅美好的愿景：将来你们都要买房子，要买三室一厅或四室一厅，最重要的是要有阳台，而且阳台一定要大，因为我们华为将来会分很多钱。钱多了装麻袋里面，塞在床底下容易返潮，要拿出来晒太阳，这就需要大一点的阳台，要不然没有办法保护好你的钱不变质。

两个公司，管理团队的表现为何差距这么大？这就是领导力水平高低的体现。

领导力高的人，无论在多么艰难困苦的环境中，都能激发团队员工的斗志，使得团队拧成一股绳，从而不断带来成功，形成正向循环。什么决定一个公司的上限？答案是这个公司能够撬动多少人一起走，而这背后最核心的因素就是领导力。

我曾在一次合作伙伴大会上，和华为一个供应商的董事长聊过，他说自己跟着华为干了十几年了，从一个小产品干到多个产品，以后也还准备跟着华为干，相信华为未来一定会越来越好，只要紧紧抱着华为，他的员工就不愁没有饭吃。像这样的供应商，华为有上千家上万家。这就是领导力的力量。

给我们个人的启发

其实，领导力不仅高级管理者需要，我们普通人同样需要。因为领导力的底层逻辑，是驱动别人和我们一起把事情做成。

比如打工的时候，我们的工作很少有单打独斗的，你总是需要别人的配合，这时候就要驱动你的同事；当你走上一个团队 Leader 岗位的时候，如何管理你的团队，就更需要领导力了。

又比如你在积累自己能力的阶段，不可能完全靠自己，也需要驱动周围的人来帮助你，最起码你要获得家人的支持。

再比如我们经过了打工期，发现了自我，并且不断积累，就会进入到一个新的时期，这个时候不再是一个人的努力，而是你可能需要花钱买别人的时间来实现你的自我，领导力就更重要。

公司高层的领导力水平决定公司的上限，而你个人的领导力水平很大程度上也在决定你的上限。学习什么是领导力，如何拥有领导力，就是一件很有必要的事。

什么是领导力呢？《卓越领导者的五项行动》一书给了我们一个很好的答案："以身作则，共启愿景，挑战现状，激励人心，使众人行。"

我将它总结一下，其实就是洞察力和影响力，这是我们绝大多数人身上稀缺的两种能力，洞察力能让你看清方向看到路在哪里，影响力能让你的同伴愿意跟着你，让他们相信未来一定会很美好。

优秀的领导者是如何做到既有洞察力，又有影响力的呢？书里讲了很多观点和案例，我提炼出来主要有两点：第一要会讲故事，第二要让人相信。

会讲故事

任正非描绘的大房子大阳台的画面，就是很好的例子，讲完了大家都乐呵呵去拓展海外市场，要知道那时候的海外市场是一穷二白，全部从零起步啊。

在华为，每年年初的各类年会上，各个产业的主管、市场的主管都会对员工讲述新的一年的美好未来，高层领导每年要向全体员工讲述未来3—5年的规划，为什么？其实就是共启愿景，展望未来，想象令人激动的、兴奋的各种可能。

从"术"的层面讲，就是要会讲故事，会画大饼。有的人当了主管，不喜欢别的主管总是画大饼，自己也从不讲故事，认为"踏实、务实"才是好的品质，这是为什么呢？因为我们绝大多数人，都是从自己的工作岗位上一步一步走出来的，历史的经验告诉我们，面对工作应该踏实、务实，但实际上这是忽略了员工和主管两个岗位的区别，员工做的工作相对确定，踏实、务实在面对具体的工作时，确实是好的品质，但主管很重要的职责是向前看，面向未来，这时候想象力就成了重要品质。

员工和主管之间的差异如此，当你作为团队 Leader 的时候，不管是工作还是生活，都是如此。比如，家庭聚会的时候，你要说点啥，肯定是说明年我们家一定会越来越好啊；团队拓展的时候，分完组你被推举为组长，你要说点啥，肯定是说我们一定会取得胜利。

曹操在一次行军中找不到水源，战士们又累又渴，速度非常缓慢。为了不影响行军速度，贻误战机，曹操心生一计，令左右传令说前行途中，有一大片梅子林，令将士们快马加鞭到那里摘取梅子解渴。将士们听说后，顿时口舌生津，士气大振，行军速度大增。在前进中遇到敌军，为了能早点吃到梅子解渴，将士都拼命厮杀。结果，将士们没吃到梅子，却找到了水源。这就是历史上著名的望梅止渴的故事。这个故事，不就是告诉我们，领导要会讲故事吗？

所以，作为领导者，会讲故事是很好的品质。你没有真的看见梅子，但你要说你看见了。

换句话说，所谓的"故事"其实就是"梦想"啊，一个人没有梦想，和咸鱼有什么区别？

让人相信

仅仅会讲故事，就有领导力了吗？一定程度上可以，至少比只讲困难不讲出路好得多。但是你讲了，别人不一定信啊。真正的领导力还要让大家相信这个大饼真的存在。

怎么让大家相信？有三个关键点：一是你自己要真的相信；二是在你的过往中已经有了成功的经验；三是深入可信的战略洞察。

第一，你自己真的相信，意味着你自己对这个梦想有一种强烈的使命感。

使命是什么？就是"这个事情使你有生命"。对大集团公司的领导者而言，企业就意味着他的生命；对一个管理者而言，至少在他未来的一段时间内，愿意在这个岗位上全力付出、无怨无悔。所以我们看任正非的自我曝光："我经常半夜醒来，浑身大汗淋漓，不停地谈论，整天失眠，想着如果公司哪天付不起钱该怎么办？""十年来我天天思考的都是失败，对成功视而不见，也没有什么荣誉感、自豪感，而是危机感。"就是这种发自内心的担当，才支撑着任正非走到这么远，如果他的内心没有相信，恐怕华为早就解体了。

第二，你自己相信，全力投入了，还不够，你这个人怎么样，有没有能力带领大家走得更远，这里成功经验就很关键。

有人说，失败是成功之母，不，成功才是成功之母。宰相必起于州郡，猛将必发于卒伍，很多大企业的管理干部，也都是一级一级提拔上来的，华为的干部提拔也是一样，只有有历史的成功经验才意味着你可能会有更大的成功。

不过，每个人的历史都不是单一事件，成功的标准也不是单一的，这就需要你认真分析自己的过去，同时要学会给自己下定义。什么意思呢？以偏科为例，你语文很好数学总是不好，那么你成功吗？有人说你总分太低考得不好就是不成功，但如果只有这一种定义，我们大多数人就都是平庸之人，如果定义"语文很好"是一种成功，那么我们就可以有很多种成功。

我见过很多主管，他们都是定义成功的高手。比如某个代表处总经理，虽然总体业绩没达标，但是其中一个业务群的业务实现了全国最高增长，这就是一种成功。再比如某个产业，虽然整体在负增长，老业务逐步下滑，但是新业务实现 100% 的增长，这也是一种成功。

所以，与其说是有过成功经验，不如说是学会定义你的成功经验，同时这个经验可以应用到你未来的梦想中。

第三，这个梦想，是有一条路径可达的。

华为的主管们在年会上为什么敢讲故事？是因为每一份业务规划出台，背后都凝聚着很多人的思考。华为每个大部门都有战略规划组织，不干别的，就是思考业务该如何发展，未来该走到哪里？

如何思考？华为内部有一个很成熟的流程，叫 DSTE（开发战略到执行），这个流程就是告诉从事战略规划的人，如何一步一步把部门战略做出来，包括战略管理宏观环境的分析如政治因素、经济因素、社会因素、技术因素、生态因素和法律因素。DSTE 背后的主要逻辑是从 IBM 学过来的 BLM（业务领导力模型），BLM 几乎是每个成熟的主管印刻在骨子里的技能。有了流程、有了方法、有了专业的投入，做出来的东西自然就有了可信度。

对我们个人的梦想而言，BLM 同样适用，但是我们没有这么庞大的人力投入，这就提醒我们要做好时间分配，你一定要花时间看环境、看竞争、看客户等，从而制定自己的战略。这同时也告诉我们，每当我们要讲出一个梦想的时候，只有深入洞察，讲出来才能真正有底气。

明白了这些以后，我们回过头来再看那家创业公司的表现，一句话形容就是：在该讲诗和远方的时候，谈了眼前的苟且。

总结一下，无论何时何地，除了爱和利益，唯有坚定的梦想和希望，能够驱动人心。

学会写文字：会拿笔杆才能当领导

在《邓小平文选》第 1 卷中，记录了一篇 1950 年的文章《我在西南区新闻工作会议上的报告》，文章中有这么一段话：

拿笔杆是实行领导的主要方法。领导同志要学会拿笔杆。

开会是一种领导方法，是必需的，但到会的人总是少数，即使做个大报告，也只有几百人听。个别谈话也是一种领导方法，但只能是"个别"。

实现领导最广泛的方法是用笔杆子。用笔写出来传播就广，而且经过写，思想就提炼了，比较周密。所以用笔领导是领导的主要方法，这是毛主席告诉我们的。

凡不会写的要学会写，能写而不精的要慢慢地精。

毛泽东和邓小平对领导干部都是这么讲的，所以党的领导人个个都是写作高手。不仅如此，进入职场后你应该也能发现，凡是领导，必然会写，写不好的领导必然走不远。所以，你想让自己更有价值吗？想的话，那就做好成为领导的准备，学会写作。

回顾我的职业生涯，这些年基本就是一路写过来的，早期的时候写技术案例，后来写技术方案，再后来写业务管理相关的材料，感觉多多少少几百万字了。最近这几年,工作之余,我也一直坚持不间断地写作,一年写十多万字。

一、写作就跟说话一样简单

其实一年写十万字这件事本身并不难,因为一年有 365 天,平均分到每天只有不到 300 个字,写两个笑话就达成了。另外,写作的内容可以很简单,我们每天说话其实和写文章没有什么区别,都是传递信息,有统计说我们平均每天要说七八千字,女性会更多一些,要说两万个字,不说这么多,就像有任务没完成一样,很难受。

比如早上起来我们碰见熟人说:"吃饭了吗?""吃了,我今天吃到一款煎饼,很不错,明天推荐给你。"

或者,某天起来你发现天气很冷,然后给关心的人发个信息:"今天天气太冷了,出门记得多穿衣服。"

这些都是信息,信息在量上本身是无差别的,而且我们很多经典的电影电视剧都是大量日常对白衍生出来的。所以写作的内容是你自己可以定义的,万事万物皆可诉诸笔下,自然就很简单了。我写的十万字基本上就是读书笔记、日常见闻与感悟等,只要每天睡前花一点时间整理一下即可。

如果把你每天发生的事、说过的话记下来,一年是远远不止十万字的。尤其是女性,如果把说的话都变成文字,一年甚至可以写出七八百万字,相当于四五十本长篇小说。没想到吧,你的产出原来可以这么惊人。

所以,写作本身并不是很难的事,难的是你要开始写。

一开始你都不用写给谁看,就写在自己的手机里就好,慢慢地就会越写越有感觉了。

二、写不好被人笑怎么办?

我有个朋友爱跑步,我想让他写起来,分享一点关于跑步的内容,他说算了吧,我那都是班门弄斧,搞不好引来一通哄笑。这么看,他关键的问题其实不是不知道写什么,而是害怕被嘲笑。朋友担心的,是他跑得也并不是特别好,所以写的观点可能会被人质疑。

我们可以反着来想一下，其实世界上没有任何一个观点是可以被充分证明的，那么任何人的观点都可以说是论据不足的，而且如果非要跑得好才能出来讲，那所有的健身教练、所有写跑步文章的人都该下岗了。

另外，写作本身是写作者自己思想的表达，甚至可以只谈感想，感想是没有对错的。而且每个人眼里和心里的世界都是不一样的，你不必完全说服别人，你提供一个观点，最多只是别人世界里的一个输入。所以从这个角度看，这个担心是没有必要的。

怕被人嘲笑，这其实不是写作问题，说话、工作等，都会有做得不好被人看不上的可能性。

我想说的是，你的人生不是活给别人看的，其他人的意见没有那么重要，不要总是活在别人的眼睛里。你的灵魂本自具足，活这一辈子，还是要有一点个性的。

佛家说："这世界上的所有人，这世间万物，他们存在的唯一理由，就是度化你。芸芸众生，高看了他人，轻看了自己，识不得其中真相而已。"

《道德经》第十三章说："宠辱若惊，贵大患若身。""宠辱"这种东西，很多人一辈子都困在其中，把它看得比身家性命还重要。

这么在乎别人的看法，是为了保护自己，但是你因为保护自己，顺着宠辱去做人，反而是迷失了自己啊，心为形役，徒增祸患。

三、我该写什么？

佛与道解决了你不敢写的问题，具体写什么，就是儒家的功课了。

还记得上学的时候写作文吗？给你一个话题，然后让你谈谈感想，不少于800字。这个时候的你，不管有没有感想，硬憋也得憋800字啊！

我们在工作中，领导让你明天汇报一下工作情况，写一个材料。这个时候的你，还怕没有东西写吗？死磕自己，磕到半夜甚至凌晨，也得写出来啊！

所以，只要给你一个具体的小目标，你就能写了。就是这么简单。

儒家说："知止而后有定，定而后能静，静而后能安，安而后能虑，虑而后能得。物有本末，事有终始。知所先后，则近道矣。"

这一段关键就在一个"止"字，"止"的意思，不是停止、静止，而是"止于何处"，白话说就是"要去的地方"。翻译过来就是：知道要去的地方才能够志向坚定；志向坚定才能够镇静不躁；镇静不躁才能够心安理得；心安理得才能够思虑周详；思虑周详才能够有所收获。

问题到了这一步，就变得更简单了，那就是，怎么给自己定一个"要去的地方"？

答案很简单：

你最近遇到了什么问题，你想怎样解决？比如说孩子不听话、父母身体出现状况、加班太多、该如何表白、社交圈太窄……

如果你过得很好，没有什么问题，那么想不想变得更有钱，想不想财富自由，想不想知道有很多钱以后是个什么体验，你可以去读读这方面的书，试着去总结一下书中的精华。

如果你不想变得更有钱，那么想不想让生活变得更有意思，怎么能更有意思，你有没有爱好，尝试去读和写，把它变成特长。

如果你过去的人生就是很佛系，感觉什么爱好也没有，那就写写如何培养一个爱好。

如果你还有如果，那就尝试每天写两个笑话吧。

四、日常写作的框架：见感思行

还有很多人的问题是，找到了要表达的主题，仿佛有很多话要说，一下笔却不知道从哪里开始。其实写作是很简单的，理论上来说，从哪里开始都可以，以前学语文，老师讲正叙、倒叙，后来还有插叙，每种表达方式都可以写出好文章，没有什么是绝对正确的，所以还是先下笔最关键。

我推荐一个我写文章最常用的框架：见感思行。写得多了，你就可以自创套路。

见：发生了什么？有什么问题？

感：这件事给我的感受是什么？震惊？伤心？开心？还是难过？

思：引发了我怎样的思考？核心是 why、what、how，发生过什么类似的事情？这是个什么现象？为什么会这样？怎样才能解决或变好？

行：给自己或者他人的启迪是什么？能够激发我们做出什么改变？

比如：

1. 见：朋友问了我一个关于育儿的问题。

2. 感：我对于这个问题的感受是很好很具体，并且对朋友关心孩子这件事表示赞赏，收到这样的问题我也很开心。

3. 思：思考问题背后的本质是什么，为什么会有这个问题，以及如何才能解决这个问题，或者朋友的做法有没有欠妥和值得借鉴的等。从育儿引申到生活中，其他什么现象也是这样的。

4. 行：我的朋友应该做出什么改变，我们大家应该做出什么改变。

这样一个框架，就可以很清晰地表达你要表达的东西，也就不怕不知道怎么下笔了。

五、工作写作框架：1+3

工作中的写作与日常写作有什么区别？我觉得最大的区别在于交流的时间决定了表达方式的不同。日常文章，读者可以沿着你的思路或快或慢地阅读，没有限制，所以它主要可以用记叙文的表达方式，当然议论文也是可以的。而工作汇报以讲为主，必须要在短时间内让大家快速达成共识，通常演讲者的时间也是限制好的，可以主要用议论文的表达方式。

议论文，最关键的是论点。提炼论点最好的办法是电梯对话法。就是自己先把沟通时间压缩到极致，看看你要讲啥，比如你和领导一起上电梯的时间，一共只有 15 秒，你会讲什么？你一定会先讲最关键的结论，通过这个方法，就可以快速把你要表达的观点提炼出来。

有了观点，才是表达方式，最经典的表达方式是麦肯锡的《金字塔原理》，市面上这本书卖得很火，甚至还有专门的课程来解读这本书，我觉得大可不必，其实将这本书读薄，就是我常用的表达方式 1+3。

1：指的是 1 个论点，我们想给汇报对象说什么观点。不管是整个材料的水平逻辑，还是单页内容的垂直逻辑，都是通过电梯对话法，把最核心的观点提炼出来。观点包括要汇报的结论、需要达成共识的话题、需要决策的事项等。总之，清晰的观点是汇报的基础。

3：指的是 3 个分论点，我们为什么要说这个观点。3 个分论点，每个论点再往下找 3 个论据。

当然，这里的 3 是个概述，最好是 3，也可以是 1、2 或者 4，但最好不要超过 5。

比如：明天要汇报人力预算。怎么写汇报材料？

首先是 1：我们明年要多少人力预算，比如 20 个人。

然后是 3：为什么需要 20 个人？第一，和友商比，我们的人均效率是否高？第二，和过去比，我们的人均效率是否提高？第三，我们的用工模式是否合理？等等。

很多人的误区在于偷懒，缺少电梯对话法这个提炼过程，就看自己手里有啥货，先在材料里堆出来，或者花大量时间对齐基础思路，导致沟通交流的效果并不好。

六、如何提高写作的质量？

关于写作这件事，无数作家学者写过很多指导，在网上也有很多种方法，我觉得只要有任何一条内容帮助到你，都是好的。

其实，写起来是很容易的，但是想要写得质量高是不容易的，不管是写文章还是写汇报材料，或是日常的表达，你可以发现背后都有一个思考的过程，这个思考过程才是最重要的，写作的方法只是帮助你把这个过程更好地呈现出来而已。

有人问郭德纲："你会不会担心江郎才尽搞不出段子来？"郭德纲说："你会担心炸油条的人有一天炸不出油条吗？"这是个充满智慧的回答。为什么炸油条的人每天都能炸出油条来？是因为他有原料、工具和方法。写段子、写文章也是一个道理，也要原料、工具和方法，原料包括事实、信息、现象、案例；方法有归纳法、演绎法、类比法；工具有思维导图、金字塔原理、写作框架等，这样就可以得到新的概念、判断、模型和规律。所以，思考的过程，其实就是你通过方法和工具将原料加工成产品的过程，掌握了这个原理，写文章就可以像炸油条一样灵感不断。为什么苹果砸在牛顿的脑袋上能砸出万有引力定律？因为他的脑袋里有工具和方法。

　　而提升你的思考质量和思考速度，最关键的是持续优化你大脑里的工具和方法，这是一条很长的路，往往积累沉淀得越多，思考得越多，你的工具使用就越成熟，方法就会越来越多，你输出的质量就越高。对于日常写作来讲，需要你不仅要读书破万卷，还要不停地思考，笔耕不辍。对于工作写作来讲，需要你不仅要不断学习先进的专业知识和管理方法，还要不断深入思考业务的本质。

学会做面对者：事情总能搞定

　　工作中，我们经常会遇到超出能力范围的事情，尤其是新人，会遇到很多很多的第一次，每当挑战来临的时候，很多人会本能地打退堂鼓，然后选择一些自己能力范围内的事情。这样的选择方式只会浪费成长的机会，就像本来给了你一辆奔驰，而你仍然选择骑自行车，原因就是你现在还不会开奔驰。

　　尤其是在大公司，最好提前策划好你的晋升路径，并且一步一个脚印快速往前走，成长到总经理级别，最快的人概只需要三四年，而很多人三年可能才刚刚走完第一个岗位。这其中，不会做选择是很重要的原因，因为大部分人在人生的选择概率游戏里，都是被动出牌的。如果你明白了要主动出牌，那就要主动寻找合适你的岗位，按照职业规划的可行路径尽早规划好，一步一步，但要快速往前走。

　　在快速往前走的路上，很多人走不动，是因为内心害怕，担心自己能力不足。可能有人会说，不是我担心，而是上级主管或者 HR 担心，殊不知两者是有因果关系的，别人担心你，是因为你先表现得不行。如果你呈现出来的，是一个激情满满的状态，又非常强烈地表达过你的意愿，组织为什么会不考虑你呢？

　　所以，解决你内心的恐惧，是第一步。怎么解决，那就是要搞清楚你为什么恐惧。恐惧一般来自那些对未知事物的不确定性，因为这些不确定性，导致我们担心、焦虑、胡思乱想，一系列的自我心理暗示，使我们恶性循环加剧，更加担心、害怕。

恐惧心理在人类原始社会时期，对人类的生存是有很大帮助的，因为未知带来恐惧，然后恐惧使我们躲避或者小心翼翼，这样才能更好地生存。我们现在的时代，生存已经不是问题，但是恐惧的情绪却还存在，过度恐惧就会对我们的工作和生活带来很多负面影响。

事实上，世界上的绝大多数事情，往往都是我们自己定义它很难，它才显得很难。因此，当你有机会选择的时候，你一定要去选那个难而正确的岗位，因为做完那个岗位的工作，就意味着你又成长了，你的价值变大了，即使失败了，又会怎么样呢，不仅不会怎么样，而且你的价值也会因失败而变大，因为失败也会让你的能力成长。

我们总是担心这担心那，有意无意地把自己陷入恐惧情绪之中。有个心理医生经常用的一句话是："那又怎么样呢？反正又不会死。"有一天他碰到一个病人说："万一真的死了呢？"心理医生说："那又怎么样呢？反正人都是要死的。"看到这两句话，你还有什么好恐惧的呢？

所以，勇敢地做一个"面对者"吧。

我在工作中曾经无数次接受挑战，才得以快速晋升。以我的经验，很多问题往往都会以一种意想不到的方式解决，有时候看似很难的问题一个电话就搞定了，有时候纠结了一个多月的问题自然消失了，真的应了那句老话："没有过不去的坎。"

回顾我的大学时期，因为家里穷得叮当响，我只带了700元上路，一个人来到北京上大学，大学四年挣钱生活的经历，给了我很多力量，让我在未来的工作和生活中，都愿意做个"面对者"。

一、考上大学，悲喜交加

考上大学当然是一件很高兴的事情，然而摆在我父母面前的大难题是学费。学费每年5500元，住宿费1500元，一共7000元。这个数额太大了，超过了我们全家人的想象。

我那时拿到通知书，看到梆子井的男生宿舍要1500元，而中蓝的女生宿舍只要800元，心里还闪过一丝疑惑，为什么不让女生住的条件好一点，让男生住的条件差一点。好在录取通知书里写了每年可以申请 6000 元助学贷款，这样我就只需要凑 1000 元了。

然而即使只是 1000 元也是很难的。我记得上初中时，有一次放月假——一个月只有一天假——学校要收个 200 元的什么费，第二天就要，我妈盘算了一下实在拿不出，就差遣我爸骑车去亲戚家借，晚上我爸把钱给了我，也不知道他吃了多少闭门羹。

从小到大，"没有钱"这件事，在我们家一直是一个很重要的存在，它是无数矛盾的根源，小到上街要不要买零食或者水果，大到如何解决公粮税费和学费，都可以引发父母的争吵。

最后我拿了东拼西凑的 700 元上路，我给父母说到了北京我再想办法，不行就找一份兼职的工作，这样应该可以解决剩下的学费问题，其实高中毕业的我对于北京没有太多认识，只是隐约觉得我已经十八岁了，总可以找一份力所能及的生计，不至于在北京活不下去。

爸爸送我到武昌火车站，买票的时候，售票员说没有坐票了只有站票，坐票要明天才有，我爸问我站票要不要，我说要。我想，如果不要，就只能在火车站睡一夜，再说我的心早就已经飞向北京了，能早一刻是一刻。我记得那是一辆衡阳始发终到北京的 K 字头火车，武昌到北京全程 17 个小时，车上没座的不止我一个，后来我才知道车上大多是去往北京打工的，很多没座的都买了一个小板凳，有个老乡还好心地让我坐了一会儿。

按照录取通知书的指示，从北京西站，坐公交车到军事博物馆地铁站，换乘地铁 1 号线再换八通线到广播学院站，那是我第一次坐地铁，买票进站时，我上下了两三次楼梯，仔细分析了指示牌的意思，确定自己没有走错方向，才最终上了地铁。

二、勤工俭学与家教

来不及体验北京的美好，放下行李，我第一时间想的是去找一份能接受我的工作，可是在学校附近逛了一圈，我却连怎么开口都不会，好不容易开了一回口，人家却说不招学生。

第一个救星是带了我们四年大学的班主任孙象然老师，第一次班会之后我就单独找他，告诉他我的学费还没有交，需要找勤工俭学的工作。他给了我一些勤工俭学岗位的联系方式，我据此很快找到了一份图书馆值班员的工作，每周一个晚上，每个周末半天，几个同学轮流值日，第二份工作是橱窗贴报员，每天去信箱取报纸，然后贴到学校的宣传栏。每份勤工俭学的报酬是每月 260 元，做两个岗位就能拿到 520 元。

后来班里谁是贫困生，谁在勤工俭学，大家都知道了。有一个隔壁班的贫困生，介绍了一份附近家教的工作给我，那时候家教的报酬大概是每小时 50 元，每周一个小时，再加上每个月有 50 元的生活补助，算下来，我也能月入 770 元了，除去必要的花销，也能有结余了。当然省吃俭用还是少不了的，我那时有一个小本本，详细记录着每天的收入和支出，就是为了控制每天的饭钱，减少非必要的开销，目的就是在这学期内把学费补齐。

所以，有目标是一件好事。后来我明白所谓"心想事成"是有道理的，"心想"可不就是有目标嘛，事不会无缘无故的成，全都源于心想。

所谓"吸引力法则"也是一样的道理，想做成一件事，你的时间和精力就会投入这件事中，自然会有很多力量和资源被你吸引过来。比如，如果不是我到处找挣钱的工作，同学也不会介绍家教给我。

三、小型创业，滚出雪球

就这样，我的大一靠勤工俭学和家教撑了过来，不仅补齐了学费，还可以有精力去做一些有意思的事情。比起高中时的压抑，我终于开始释放精力，参加竞选了班委，做团支部书记的工作，报了学院的记者团，成为一名小记者，参加校报编辑的工作，加入青年志愿者协会等，很多很多事情我都想去尝试。到最后，我选择了需要写作的记者。

真的，人始终要优先解决基本的生存问题，才有可能真正做自己想做的事情，才能活出真实的自己。

经过一年的积累，到大二，我已经给自己配了一台电脑。但是这时家教的工作没有了，家教更需要大一学生，勤工俭学的工作岗位也逐步退让给大一新生，我又开始愁生计问题了。

有一天，隔壁宿舍的宋同学，发现楼下超市里刻碟的生意很火，琢摸着可以试试自己做，我一想这是个投入很小的生意，一台好一点的刻碟机只需要400元左右，刻一张碟的光盘成本只要一两元，但是小卖部可以收10元，而大多数同学需要存储数据，那时候移动硬盘的价格还很贵，用光碟来储存是一个很好的选择。

说干就干，我们联合成立了一个"非凡刻碟工作室"，定价4—5元，然后每天晚上通过校园内网的沟通软件IPmessage大力宣传。同时，我们做了很多小广告贴到各个宿舍门口的海报栏，一时间整个学校都知道了"非凡刻碟"，我买了一辆自行车，穿梭在学校的各个宿舍接活送碟，市场打开后，很快我就一个月能挣到小1000元了。

刻碟需要进货，而当时要想买到便宜的光盘要去中关村，从传媒大学到中关村有一条直达的公交线路，就是从学校北门出发的731路。我很快成了中关村的海龙大厦和科贸大厦的常客，久而久之我定下一个固定的买家，这家店的前台是一个叫余梅的妹子。印象中特别深的一件事是有一次我感冒了，也没去医院，就靠身体硬挺着，这时候来了一个特别大的活，大概需要一天内完成100张碟的复制，这不是一台刻碟机能够完成的，我只能到中关村去。于是我从椰子井宿舍走到过天桥，再从南门穿过学校到北门去坐731，因为身体特别虚弱，也没吃什么东西，路过星光食堂就在二楼的"全面俱到"吃了一碗茄子拌面，一路公交颠簸，我在半睡半醒之间起身下车时吐在了公交车的门口。拖着疲惫的身躯，我找到了余梅的店，向她说了第一句话，"给我一口水喝吧"，她后来带我到后台办公室，给我弄了点吃的，缓了好久我才好一点。

后来有个广告学院的同学成了我的客户，她自己录了一些歌曲，做了一个专辑，并且还要制作封面，大概是要寄给各种唱片公司吧。这样我就到中关村去学会了制作封面打印，拓宽了我的业务边界。

后来她又给我介绍了一个社会上的客户，我记得我是坐公交车到东三环的凯宾斯基饭店的一个办公间接的这个活儿，当时走进酒店的我真是见了世面，走来走去好几遍确认自己没走错房间才敢敲门，这也是一份制作成套光盘的活儿，大概是某家公司或者某个团体聚会后的照片和视频合集，需要做成光盘，人手一份，一共200张。这真是一笔大生意，因为不仅有盘、封面打印，还有制作光盘盒以及光盘盒的打印，这样我每份盘的成本不到10元，收费20元一张，有2000元的毛利。我太开心了，全力以赴，跑了好几趟中关村，最后是在一天晚上送到客户住的房子里。客户住在东三环的某个小区，他验收的时候也很开心，希望留我一起吃饭，我记得那天好像吃的是泡面。客户也是个年轻人，年轻人的奋斗都是不容易的。

还有一群客户是我们同一栋宿舍播音主持系的同学，他们经常要交录音小样的作业，所以经常找我刻碟，一来二去就都比较熟了。后来有个同学大概是在兼职做婚庆司仪，接触到一些有制作光盘诉求的婚庆公司，就让我联系对接，因为我价格比较低又有质量保证，所以很快就达成了合作，陆陆续续就有了更多的婚庆公司找我。

就这样，我靠着这些客户，已经足够解决我的生存问题，粗略地估算一下，从大二到大四，我挣到的钱应该有小十万块，不仅没有花家里一分钱，还把家里那台用了十几年的黑白电视机换成了彩电，添置了一些以前不敢想的家用电器。

虽然后来硬盘技术发展成熟，刻碟不再是一个好生意。但在2008年我大四时，这个市场空间还是很大的，如果有足够的时间主动做一些市场拓展，我挣的钱会更多。

但是一个人的时间毕竟是有限的，我除了是个"创业者"，本职工作还是学生，是需要学习的，大一大二我都拿到了班级的前几名，获得了国家奖学金、索尼励志奖学金等；我还是班里的团支部书记，带着团支部连续两年获得了学校优秀团支部的荣誉；大三时我成为学院记者团的团长，创刊了《传媒工科生》。

由于我的"全面发展"，这中间遇到过很多困难，比如我曾经因为接活儿太多而失职丢掉过贴报员的工作，也曾因为做生意打扰过周边的同学，等等，但是总体来说，解决经济问题的强烈的目标感驱使着我不断成长，同时真的给我带来了很多好运，真正验证了那句话，"如果你想干成一件事，全世界都会来帮你。"

这一路上遇到的每个同学、伙伴，都是热心善良的，他们就像阳光雨露一样滋养着我，无以言表，唯有感恩。

　　在那个白衣飘飘的年代，我很高兴自己是一个"面对者"，面对未知没有抱怨、没有退缩，而是勇敢地去接受挑战。在未来，我依然愿意做一个"面对者"，去挑战一切未知。希望以此经历，和所有人共勉，愿每个读到这段文字的读者，都能成为"面对者"！

第二篇

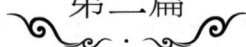

如何找到你的财富密码，实现跨越式成长

第三章　觉醒，是生命的开始

认知觉醒：人生如游戏，你是否在扮演NPC

世界到底是什么？我在《重新认识规律：世界是被设计好的》一文中分析过："我们生活的世界，可能是一个被设计出来的虚拟游戏，我们每个人都生存在这个虚拟世界里。"

为了便于理解，我把这些人说的话再列一下：

华大基因CEO尹烨：基因科学做到今天，可以给人脑灌输一大堆东西，而你什么都不用做，比如可以通过调整你的脑电波就能让你瞬间达到高潮。我怎么能够相信，我们一定不是被设计出来的？

马斯克：人类生活在真实世界的概率不及十万分之一。

谷歌CTO雷·库兹韦尔：也许我们生活的宇宙不过是另一个宇宙里某个初中生做的科学实验而已。

爱因斯坦：人类如果把所有物理定律都研究清楚了，那就该思考，是谁给我们定的这些规矩呢？

牛顿：重力解释了行星运行，但不能解释谁是第一推动力？

杨振宁：世界上有没有神存在？如果你说的是一个肉身形状的神，我想那是没有的，但有没有一个"造物主"，我想一定是有的，因为这个世界的结构不是偶然的，偶然不能搞出来这么妙的东西。

有一段时间我读《易经》，这个感觉更加强烈，易经的"易"，有一种解读是，上面是"日"，下面是"月"，日月为易。中国的周易也被称为太阳教，地球绕太阳公转一圈的时间是一年，从立春到谷雨再到芒种，历经24个节气再回到立春，这是日决定的。月圆之夜每月一轮，女性月经是一月一次，这是月决定的。这些都是自然规律，这些规律导致花草树木在春夏秋冬四季呈现出不同的状态，这就是他们的"命"。

也就是说："造物主"造了这个世界，并且给这个世界设置了规律。

如果认可这个前提，那么我们就可以大胆推测，我们可能也是"造物主"造出来的，就像一款游戏设计了游戏玩家来玩"人生"而这个世界的"游戏规则"——也就是规律——早就设置好了。

你可能会说，这个世界这么复杂，地球这么大，我们怎么可能生活在被设计好的游戏世界？

有一段时间，我跟着儿子的兴趣，研究过天文学，如果你也研究过你就知道，我们生活的地球是多么渺小，太阳的体积是地球的130万倍，人类已知的最大恒星"人马座V1943"则是太阳体积的131亿倍。这还只是星体，我们可以再感受一下星系：地球、太阳所在的太阳系，在银河系中大概占一千二百五十亿分之一左右，而银河系在人类已知的宇宙中，不过是一粒尘埃上的一个原子而已。

人类不仅很可能是在一个游戏世界，甚至连游戏地图的一个小小角落，都没走出去过。

那么问题来了，既然游戏世界的规则都设置好了，每个人的命是否也设置好了呢？答案很简单，如果都是设置好的，那么你就可以每天躺着睡觉，不再需要工作了，因为反正工作不工作都是注定的嘛。但很显然，这个游戏只设计了规律，对每个个体的玩家来说，"命"还在自己手中。

既然"命"在自己手中，为什么你会感觉每天的生活都是重复、无聊、焦虑和痛苦的呢？为什么你会渐渐感觉，这一辈子就是上学、工作、结婚、生子、老去、死去，仅此而已呢？

回想一下你打游戏的过程，你拿着你的吕布在草地释放技能，你是否感觉心动是加速的，内心是激情满满的？

为什么感觉完全不一样？答案是：打游戏的时候，你一直在掌控游戏，你扮演的是主角；而在现实世界中，你一直在被动接受，一直在扮演 NPC（non-player character，非玩家角色，指的是电子游戏中不受真人玩家操纵的游戏角色）。而 NPC，没有人关心他的死活，没有人关心他是否快乐，他来时不带一点声音，走时不留下一丝痕迹。

想想我们生活的世界，是不是这个样子？从古到今有多少人留下了姓名、留下了事迹？翻开所有的史书，被记录下来的有多少？

我曾经读到一本书叫《认知觉醒》，里面用了一个词叫作"醒着的睡着的人"。表面醒着，实际睡着。以为醒着，实际睡着。其实，世界上绝大多数的人，对造物者设置的规律没有感知，对来这个游戏世界的"目的"不清楚，对自己未来的"命运"不关心。这不就是典型的 NPC？

幸运的是，游戏中的 NPC 永远无法感知到自己的存在，而现实世界的你，瞬间就可以改变。没有这个"瞬间改变"，你的人生不过是 NPC 的人生，有了这个"瞬间改变"，你才拥有了真正的人生。

"瞬间改变"，用禅宗的话讲就是"顿悟""觉醒"。一切的关键就在于变被动为主动，从被动接受到主动掌控。

首先，主动搞清楚，你拿到的是什么角色？你来这个游戏世界的目的是啥？造物主给你的，是吕布的"方天画戟"？还是后羿的"灼日之矢"？找到了你的天才技能，就找到了你的角色定位。

然后，发现规律，怎么赢得游戏，怎么赢人生这场游戏？答案是，青史留名！

再然后，如何实现青史留名？核心在一个"留"字，那就问问自己，你要留下一些什么？想要"留"，就先要"创造"。

所以，准备好你的技能，不要浪费任何时间，创造一些东西吧！

勇敢破局：为什么学霸会走向平庸

我们这一批应试教育出来的学生，在高考这个大熔炉前，我们所有的学习，都只有一个目的——考一个好大学，考试成绩就是衡量所有人竞技的结果，并且规则是公平的，不能作弊，考试题一样。

当我们走上社会之后，在人们的眼中，"你的价值"变成了新的衡量标准，我们可以先用"钱"来代替（我们姑且先不讨论有钱是否一定幸福、钱作为衡量标准是不是一定对等等，这个话题我们在第三篇会详细讨论），也就是说所有人都在比赛谁拥有的钱更多，但是这个时候没有规则了，没有固定的考试题，没有考场规则，变成了一个"无规则竞技场"。

为什么读书时成绩最好的那一批，往往过得不错，但却绝不是过得最好的？其实学习成绩好的人，会出现分化，有的人事业有成，有的人一蹶不振。学习成绩差的人，也会出现分化，有的人过得好，有的人过得不好。

这就是因为规则已经变了，而大部分读书人还以为是在学校呢。

比如，读书的时候大家都在一个起跑线上，二年级的同学都没学过三年级的知识，但是走入社会，有的人一上来就是富二代，或者家族企业，天生就有能力提升的平台。

又比如，在学校大家都学同样的课程，有同样的目标，但走入社会，没有人给你定目标，甚至方向都没有，学什么也由你自己定，相当多的人走入社会就不想学习了，本来读书这么多年，国家就是想通过教育锻炼你的学习能力，结果锻炼完你反而不学习了。

那么，读书人怎么在这个无规则竞技场中破局呢？

首先，我们分析一下，有些学习好的人是怎么走向平庸的？有这么几个原因：

第一，没有意识到社会依然是个竞技场，有的人进入社会之后依然接受父母的照顾和安排，做了稳定得不能再稳定的工作，基本上放弃了竞争；

第二，错误地把工资当成了衡量标准，很多人努力就是为了涨工资，今年比明年多挣一点，在出售时间这条路上一直走，正是这条延长线直接指向了平庸；

第三，能够正确认识"价值"才是衡量标准，但是不敢冒风险，尤其是成绩好的同学，本来自己只拿工资，那也已经高于 90% 以上的同龄人了，如果离开工作去做自由职业或者创业，机会成本太高，一旦失败可能会跌到很低，所以干脆放弃。

如果要破这个局，就依次解决上面这三点，首先要参与竞争，承认挣钱越多越好；第二，不要为了死工资而工作，要让自己的未来能为社会创造更多的价值；第三，勇敢地走出去，敢于冒一定的风险。

既然是做题家，那么尝试做一下这几道解答题？

1. 解决你基本的生活的安全感，需要准备多少钱？
2. 通过哪些正当的方式，可以挣到花不完的钱？
3. 创造出什么产品，是你最有可能实现且最有价值的？

每一道题又可以分解为很多小题，如果做题家们持续锻炼自己出题和解题的能力，在冒风险的领域，成功的概率其实是大于那些成绩差的同学的。许多考生过去在高考竞技场都考了不错的成绩，那么也一定可以考出新的成绩，因为"做题"本身就是我们的撒手锏，是我们久经考场的"学习能力"啊。

所以，不断给自己出题，就是考生的破局之路。实际上，出题而后解题，就是你对自己人生的思考。出题是审视的过程，而创造是解题的结果。

苏格拉底说："未经审视的人生，不值得过。"

我说："没有创造的人生，不值得过。"

大胆想象：你想过拥有一个亿吗

2014 年，曾经有一个优秀员工向我提出离职，想要回到老家西安去，因为他的工作总是需要长期出差，和家人聚少离多，家庭关系和小孩成长都出现了问题。我问他未来有什么打算，他说可能考公务员，如果考不上就在当地找一份工作。我说你已经工作这么多年了，家里很缺钱吗？他说可以满足基本生活但也不是很富裕，主要是也不能闲着啊。再遇见他已经是 2018 年，他在当地找了一家华为的合作伙伴就职，薪水甚至不如以前，只是工作稳定一些，压力小一些。

这样的例子有很多，包括很多华为去海外奋斗了多年的员工，离职回国后就开始过小日子，一份还算过得去的工作，还算过得去的薪水，日子过得不坏但也说不上很好。还有很多四十岁左右的员工，策略就是熬着，熬到某一天公司不要了，然后保留虚拟受限股"退休"，再回去过一点小日子。

2016 年我参加过一个小范围的同学聚会，发现有的在电视台工作，有的在广电行业设备商工作，也有在思科工作的，有做公务员的。同学小强，一个在互联网大厂工作的工程师，目前的境遇，有一种不上不下的尴尬，仿佛回到了 20 世纪 90 年代的国企，一眼就能望到职业生涯的尽头，甚至可能比国企还要差，因为一旦年纪过了四十，就要面临被淘汰的风险。同学小婷，毕业后就在电视台做编导，虽然稳定，但是每个月收入有限，房贷还要靠父母接济，才能够勉强坚持下去。

总之，无论是同事还是同学，我身边的大部分人，都过着普通人的生活，似乎是命运安排好的样子，不好不坏。

这引发我思考，为什么会这样？

从来没想过，所以你没有

在《有钱人和你想的不一样》这本书里，我看到了一个"实现程序"的公式：想法产生感觉，感觉产生行动，行动产生结果。也就是说，结果会不会产生，是有没有想法决定的。

所以，这个答案太直接了，为什么普通人没有取得"财富自由"的结果，是因为我们从来没有过这样的想法。想要获得苹果，首先得种下苹果种子；想要梨，就要种下梨的种子。虽然种下种子不一定能收获果实，但是不种下种子，永远不可能收获果实。

2017 年前的我就是这样的状态，我所有的视野就是眼前的工作和眼前的存款，想着如何能挣更多的工资与奖金，存款要不要拿去买房，要不要买基金？可是，我从来没有想过我有没有可能拥有花不完的钱，如何才能拥有花不完的钱？

没问过这样的问题，自然就不会有答案。

没有想法，就不会有感觉，就不会有行动，也就不会有结果。

没有种子，就不会有果实。

不仅是我，2017 年我身边几乎 99% 的人都是这样的状态。可是，这不应该啊，财富自由谁不想要，为什么大家从来没想过呢？一个人产生什么想法，是什么决定的？

环境决定思维

有的书将上述问题归结为"潜意识"，潜意识会制约我们的想法。潜意识的形成可以分为语言、模仿和特殊事件几个方面。小时候听到、看到以及经历的遭遇都会制约我们想法，比如父辈会告诉我们："我们是穷人，钱不能乱花""你要努力工作，才能挣钱""有钱人都是很坏的"。这些语言会留在我们的潜意识里，成为我们对待金钱的态度。

"潜意识"很大程度上是我们生活的"环境"造成的，大环境如国家与社会、小环境如家庭与学校，过去的生活经历给了我们很多经验，我们的"潜意识"会不断吸纳这些经验，形成指导我们行为的"想法"。

我的成长环境就是一个很典型的例子。我出生在湖北省天门市一个非常落后的农村，我家在村里又是出了名的贫困户。从小生长在这样的环境中，穷人的思维方式深刻地影响着我，如"不去外面的饭店吃饭""不买贵的衣

服""价值昂贵的东西永远不会属于我""凡是来推销的都是来骗我钱的"，
等等。

我父母至今也是这样的想法。我父亲快 60 岁了，但他这辈子走进商场的
次数用一只手都能数得清，生病了就是扛着，最多吃点便宜的药，从来不进医
院；母亲在我富裕一点之后变得稍微好一些，但是一旦稍微多花钱她也会十分
惶恐，比如要买个好一点的手机的时候，她就会劝我说买便宜的就行了。

花钱是这样的思维，挣钱上也是一样的。我小的时候，他们兢兢业业种
地。等我长大一些，大家都去广东、福建打工，看到在外面挣钱多一些，他
们也就跟着出去兢兢业业打工，一天恨不得工作 24 小时。他们从来没想过，
要去变成一个生意人，用做生意的方式挣钱。

所以，我前 30 年对待金钱的态度也是如此，生活省吃俭用，工作加班
加点。

2020 年我开始在北大 EMBA 学习，学了很多商业案例，也认识了很多优
秀的同学，他们有的早就实现了财富自由，大部分人不再是出售时间的打工
人，我听到和看到的东西在变化，我的思维方式也在变化。

环境影响潜意识，潜意识决定想法，想法决定行动，行动产生结果。想
要获得财富自由，必须要改变你的行动方式，改变你已经形成惯性的想法；
想要改变想法，就要改变你生活的环境，从而带动你潜意识的变化。

"你的水平，就是你最常接触的 5 个人的平均值"，说的就是这个道理。
因为你最常接触的那些人，在不断影响你的潜意识，从而决定你的水平。所以，
改变你工作与生活的环境，和那些能量值高的人相处，就会对你的潜意识带
来正向的影响。为什么我们要买学区房？就是为了给孩子营造一个更好的环
境，带来更多正向的影响。我们总是想得到改善孩子的环境，却想不到改善
自己的环境。与优秀的人在一起，时间一长你自然也会变得优秀，与有钱的
人在一起，时间一长你自然也会变得有钱。

最怕的不是你从来没想过财富自由，而是你的意识和思维方式再也无法
改变。

就定一个小目标，看看能不能实现

王健林说："先定一个小目标，先挣它一个亿！"然后这句话被网络群嘲和调侃，感叹富人真是不了解人间疾苦。

然而，你有没有真正想过，这辈子你到底能挣多少钱？如果到不了一个亿，你能挣多少？

这样一想，你就会发现，你可能从来没有设立过目标。其实一个亿不是问题，没有目标才是问题。大多数人终其一生，就是因为从来没有想过一个亿的目标，而丧失了挣一个亿的可能。

王健林不经意间的一句话，其实说出了人们对金钱不同的思考逻辑，富人的世界里从来不为收入设上限。

你可能会说，我虽然没有目标，但我知道，钱肯定是越多越好啊，我也没有上限。但你要知道，我们在打工的模式下，是按照出售时间来获取报酬的，可一个人的时间毕竟是有限的，收入不太可能出现指数级的变化，这就已经违反了富人的收入不设上限的原则了。

稳定的薪水虽然能带来一些安全感，但同时也会阻碍你挣更多的钱。

而大多数的富人，都是按照结果来获取报酬的，因为政策、市场、团队等超高的不确定性带来了很多风险，所以这个钱挣得不稳定，但是没有上限，所以能造就富人。

在商业世界里，收益和风险是高度正相关的。要想成为富人，就得承担一定的风险。

仔细分析一下，我们为什么一直在打工，而不能像富人一样去承担这个风险？

是因为我们的上一辈都是这么干的，我们的大脑会告诉我们那样做风险太高了，不可以。有朋友创业时，父母就问："你什么时候能找一份真正的工作啊？"

为什么我们的父辈这么干？

是因为缺乏安全感，过去太缺钱了，吃了上顿没下顿，谁还敢去创业？有一个铁饭碗是多少人求之不得的事情。过去父母为什么要你好好读书？因为读不好书你就找不到工作，读书的目的就是找个工作，核心就是没有安全感。

可是，工资可以给我们安全感，同时也在给我们喂糖衣炮弹，因为一直躺在这张温床上，就会丧失变成富人的可能。

这就是富人思维和穷人思维的根本区别，面对同样的机会，富人总是想着有赢的可能性，穷人总是想着输的可能性，所以富人更专注于机会，穷人更专注于障碍。富人想着干成了会有多大的收益，穷人想着风险有多大。

想要致富，必须要转变这种心态。

为什么？因为你专注的事物会扩大。如果我专注在写东西上，那么就会持续有文章产出；如果我专注在打游戏上，就会把游戏打得比现在好，这是必然的。

所以，如果你专注在障碍上，就会发现障碍越来越大；而如果你专注在机会上，就会发现机会越来越多。有钱人喜欢尝试，一会儿试试这个，一会儿试试那个，普通人呢，看这个不行，看那个好像也不行。

你可以把安全感放到一边，就先定个小目标试试，然后看看有哪些机会能实现这个小目标，只要你真正去看，不用穷人思维否定它，你一定会看到很多机会。

这和我们工作是一个道理，不想当将军的士兵不是好士兵，你在公司的职业目标是什么岗位？就对准总裁的岗位。想当总裁，才有可能积累出驾驭总裁岗位的能力啊！

当然，不是说有了目标就一定会实现，这背后还需要很多思维和行动上的改变，不改变就一定不会有，并且一切都需要时间，你不可能几分钟就跑完马拉松。即便拼尽全力，也不可能。

但是，首先，你要敢去想。

人定胜天：我命由我不由天

我曾经去EMBA隔壁班上过一次课，这个班有一个活动，就是每个上课日的中午，在老师上课前半小时，由同学给大家分享一本自己最推荐的书，我那天正好碰到一个张同学在分享，他已经早早实现了财富自由，当天推荐了一本《了凡四训》，是明代官员袁黄，以亲身经历讲述自己改变命运的过程。原本为教训自己的儿子，故原名《训子文》。

当问到班里有多少人看过这本书时，竟然有十多位同学举起了手，这让我倍感意外。后来才知道这本书被称为"千古奇书"，晚清曾国藩甚至将《了凡四训》作为教育子侄人生智慧的首选之书，可见其影响之大。

于是我也读了这本书，并且做了很多笔记，感觉它确实给了我很多启发。我觉得对很多人有用，在此有必要专题写一写。

第一篇：立命之学

袁黄自幼丧父，母命其从医，家人不给他读书，后来一个会算命的云南人孔先生，说是得了宋朝邵康节《皇极经世书》的真传，料定袁黄有当官的命，并算定他某年应当考第几名，某年当廪生，某年当贡生，贡后某年当选为县长，在任三年半告退回乡，在五十三岁八月十四己丑时，寿终在家里，终身无子。

袁黄一开始不太相信，但此后的二十年，他的人生全部符合孔先生算定的路线，连考第几名等都十分精确地应验了，这让他笃信了宿命，相信"荣辱生死，皆有定数"，从此没有了任何进取之心。

直到在栖霞山遇到了云谷禅师，与他在禅室之中相对而坐，三日三夜未曾合眼。云谷禅师："凡人所以不得作圣者，只为妄念相缠耳。汝坐三日，不见起一妄念，何也？"袁黄说了孔先生的算定。云谷禅师说："我待汝是豪杰，原来只是凡夫。"袁黄问其故，禅师说平常人都是有气数的，但是极善极恶之人，数亦拘他不定。你二十多年被他算定，不曾转动分毫，岂不是凡夫？袁黄问："然则数可逃乎？"曰："命由我作，福自己求。《诗》《书》所称，的为明训。我教典中说：'求富贵得富贵，求男女得男女，求长寿得长寿。'夫妄语乃释迦大戒，诸佛菩萨岂诳语欺人？"

袁黄说："吾于是而知，凡称祸福自己求之者，乃圣贤之言；若谓祸福唯天所命，则世俗之论矣。"

云谷曰："岂唯科第哉！世间享千金之产者，定是千金人物；享百金之产者，定是百金人物；应饿死者，定是饿死人物。天不过因材而笃，几曾加纤毫意思？即如生子，有百世之德者，定有百世子孙保之；有十世之德者，定有十世子孙保之；有三世二世之德者，定有三世二世子孙保之；其斩焉无后者，德至薄也。"

人的命是否可以被算出来？

有人可能会质疑，真的能算出一个人的命运吗？《了凡四训》中，不管是孔先生，还是云谷禅师，都认为"命"是可以算定的，只是孔先生没说"可以改"，而云谷说了。

我们这一代人，自幼学习唯物主义价值观，很难理解，认为没有发生的事，怎么可能说得准呢？但我讲过，这个世界是有规律的，掌握了大量规律的人，他对事物的理解必然就会高出一截，既然认知有高低，那么认知高的人运用掌握的规律，就可以一定程度上预测认知低的人的未来。就像天气预报，我们现在通过规律，已经可以预测未来半个月的天气，并做到一定程度上的准确，72小时内的基本可信。

又比如一个集团公司的老板，在面试一个员工的时候，也许不需要大量的调查和佐证，只需要几句话，凭直觉就可以判定一个人的未来。

再比如我们经常说"三岁看大，七岁看老"，这就是背后的规律。那么假设有100个孩子三岁时候的表现都很差，且差得一样，那么他们到老时的命运会一样吗？当然不会。那是否意味着"三岁看大，七岁看老"就是错的呢？这里面有个概率问题，也就是大概率有90个孩子会差不多，另外10个会因为在未来的人生中发生了"偶然"和"意外"，从而引发了转折。

还有一点，就是中国古代上千年的制度没有大的变化，历史的进程相对缓慢，所以上一辈下一辈的命运差不了太多，甚至几代人的命运都类似。芸芸众生，不过是循环与轮回。因此"算定"这件事，在古代要比现在简单许多。

算定的命是否可以改？

云谷禅师告诉袁黄，所有你能得到和享有的，都是因为你的德行配得上。那么你想要自己配得上，必须要做出行为、习惯的改变，改掉自己的坏习气，不断积善。之后袁黄的行为就发生了改变。"从此而后，终日兢兢，便觉与前不同……在暗室屋漏中，常恐得罪天地鬼神。遇人憎我毁我，自能恬然容受。"次年，原来孔先生算他得礼部举人会试第三名，他考了第一名。

53岁那年，按照孔先生的算定，他会死去，但是袁黄不仅没死，还在这一年考中了进士，最终袁黄不仅长寿，而且活到了古稀之年，并且有两个儿子，儿子也做官。而袁黄也一直做官，并且参加了万历三大征之一的抗倭援朝，曾指挥上千人打败敌人，文韬武略俱全。

也就是说，虽然人的命自有天数，但只要相信祸福都是自己求的，那么就可以改变天命，方法就是让自己的德行配得上。99%的人因为不明白这个观点，稀里糊涂地任命运摆布，因此成了凡夫。只有真正明白"命由己作，福由心生"的人，才能获得"人生"。

电影《哪吒之魔童降世》中，哪吒本是魔丸转世，从小被当作异类，没有人愿意跟他交心，他也以顽劣的性格面对世人，但是最后遵从自己的内心保护了百姓，改变了命中注定的事。这部电影播放的时候，正值华为开年会，当时华为的运营商业务被定义成压舱石，是一块"增长不那么快"的业务，我的一位主管在他的年度规划材料最后附上了哪吒电影的背景和"我命由我不由天"七个字，让我由衷敬佩。

改变命运：福报来自价值创造

既然命运是可以改变的，并且改变命运的方法就是使自己的德行配得上，那么如何使自己的德行配得上呢？这就进入《了凡四训》的第二、第三篇了，就是改过之法、积善之方。

第二篇：改过之法

"何谓从心而改？过有千端，唯心所造，吾心不动，过安从生？学者于好色、好名、好货、好怒，种种诸过，不必逐类寻求，但当一心为善，正念现前，邪念自然污染不上。如太阳当空，魍魉潜消，此精一之真传也。过由心造，亦由心改，如斩毒树，直断其根，奚必枝枝而伐，叶叶而摘哉？"

改过之法讲的第一个观点：从心上改，好于从理上改，好于从事上改。

就是说所有的过错都是从"心"上生出来的，"大抵最上治心，当下清净，才动即觉，觉之即无"。就是说当一个邪念刚刚萌动的时候，就马上觉察到，然后迅速把它给"无"掉。当然这需要极高的元认知能力，如果做不到，就用"理"来告诉自己，如果再做不到，就直接从"事"上、从行动上约束自己。

曾国藩1830年改号"涤生"——所谓"涤生"，就是浴火重生——正是取自《了凡四训》的名句："从前种种，譬如昨日死；从后种种，譬如今日生也。"就是说你现在的状态都是你过去心里的想法导致的，未来你能获得的状态都是你今天心里的想法导致的，你心里的想法变了，你的未来就和过去不一样了。比如如果你想获得幸福，首先要有获得幸福的想法。

如何从心上改？作者讲了改过要发三心：耻心、畏心、勇心。

耻心，就是说如果一个人私底下老做违背道义的事，就会日渐沉沦而自己浑然不知，若能知耻就能行为高尚，从而配得上美好；

畏心，不仅是说要明白举头三尺有神明，对天地有敬畏之心，更是说对因果要有敬畏之心，因此古人常说："心术不可得罪于天地，言行要留好样与儿孙。"

勇心，是说我们在明白过错以后，不管大错小错，必须痛下决心立即改正，不可延迟犹豫，更不可消极等待。

改过之法讲的第二个观点：不要关注"过"，而要关注"善"。

"一心为善，正念现前，邪念自然污染不上。"这句话告诉我们改过有一个彻底的办法，就是把你的时间和精力都放在正确的事上，放在实现目标这件事上，把这件事做到极致，你就没有邪念，也就无所谓改过了。

就像人如何改掉缺点，不是盯着缺点去改，因为你关注的事会放大，就好比你说："不要想大象，不要想大象"，你的脑子里就没有"大象"吗？相反，说得越多，大脑反而会记得更牢固。所以，盯着缺点只会放大缺点，我们重点是要关注自己的优点，把优点发挥到极致，一个人一天24个小时，每时每刻你都关注你的优点，你的缺点自然就无处藏身了。

"如太阳当空，魍魉潜消，此精一之真传也。""精一"二字，出自《尚书·大禹谟》，"人心唯危，道心唯微，唯精惟一，允执厥中"，这十六个字便是儒学乃至中国文化传统中著名的"十六字心传"。翻译过来就是：人的心都是趋利避害的，而真正的规律都是不明显的，我们做事情要精挑细选，要不改变自己的理想和目标（尤其不要被利益冲昏头脑），最后使得人心与规律相和，执中而行。

这句重点在于"精""中"二字，精在古代是"择米"的意思，就是精挑细选，"中"在中庸里的解释为"喜怒哀乐之未发谓之中"，就是要不受外界环境和情绪的影响，要选择真正符合自然规律的事情。现在大部分人做事情都是求利，求利的结果往往无法得利，而当你瞄准一个理想和目标，真心诚意地为他人解决问题，你得到利益反而水到渠成。

第三篇：积善之方

《易》曰："积善之家，必有余庆。"昔颜氏将以女妻叔梁纥，而历叙其祖宗积德之长，逆知其子孙必有兴者。孔子称舜之大孝，曰："宗庙飨之，子孙保之。"皆至论也。试以往事征之。

积善之方第一个观点：积善之家，必有余庆。

这一篇在《了凡四训》中的笔墨最重，也是最重要的。开篇"积善之家，必有余庆"，来自《周易》，这一句贯穿全篇，也是所有内容的根本出发点。并且举了十个事例，都是实际发生的，可信度非常高。

叔梁纥是孔子的父亲，颜氏在把女儿嫁给他之前，考察其祖上有累积的善德，认为他的子孙中必然有大德之人出现，后来果然有了孔子。

孔子说，舜有非常大的孝心，感化了全家，因此他的后代子孙一定会绵延不绝，永葆福德。

然后，袁黄从真假、端曲、阴阳、是非、偏正、半满、大小、难易八个方面深入辨析了什么是真正的善，并且指出认识真正的善的重要性。

积善之方第二个观点：真正发自内心地为他人着想，而不是为自己的私利，就是积善。

中峰告之曰："有益于人，是善；有益于己，是恶。有益于人，则殴人、詈人皆善也；有益于己，则敬人、礼人皆恶也。是故人之行善，利人者公，公则为真；利己者私，私则为假。又根心者真，袭迹者假。又无为而为者真，有为而为者假。皆当自考。"（中峰和尚：明本禅师，他是元代非常著名的临济宗僧人，圆寂后被尊为"国师"。）

比如你扶老奶奶过马路，你就单纯想着帮她过好马路，不要想着扶她过了马路你能积累善，以后会有回报，也不要认为你做了好事就会有人奖励你，更不要拿你做好事这件事去到处炫耀和换取名利。

再比如，你遇到了一只狗要被杀来卖，这时候你升起悲悯之心，买下这只狗，让它能够继续生存下去，这时你的善念就是善念，而如果你为了给自己积善，到处去寻找被抓的狗，就不再是善念，而是你在被功德心和利益所驱使。

积善之方第三个观点：积小善不如积大善。

最后，袁黄把善事概括为十个方面，即与人为善、爱敬存心、成人之美、劝人为善、救人危急、兴建大利、舍财作福、护持正法、敬重尊长、爱惜物命，非常详尽地概括了善事的具体种类。

值得一提的是，我们平时关注的善，小善多于大善，小善比如拾金不昧、爱惜动植物等，而《了凡四训》中讲了一个作者切身实在的大善，就是袁黄在做官时，实施了一项仁政，减轻了人民的税负，这便是大功一件，这样善会被当作大善积起来。

所以，为官一任，不图私利，想方设法地造福地方，这样的官员就值得被后世敬仰，他的后代也会因此而得到福报。

进而思之，古时受限于体制限制，读书人只有追求功名，在为官施政上起善念，而现在我们各行各业商业非常发达，岗位分工也越来越细，那打工和创业，如何才能积大善呢？我认为核心的观点没有变化，还是发自内心为他人着想，而不是为自己谋私利。

比如创业时，你做一个产品，要真正从满足客户的需求出发，解决客户的实际问题，这样才是积善，如果你只是为了挣钱，弄一些花哨的噱头做广告，而实际上产品质量差又卖得贵，那就是在种恶果。

再比如打工时，你在岗位上，真正做好岗位要求的事，努力提升能力去做更大范围的事情，贡献更大的价值，就是在积善，磨洋工、做二传手就是在种恶果。

有人说如果要积善，那创业的人卖产品是不是都该做慈善，不收钱，这才是更大的善？当然不是，如果你不收钱，你的公司能开多久？一个人的财力是有限的，即便你千金散尽，你又能做出多大的善事？

正确的"善"是一方面解决客户的问题，一方面还能提供成千上万的就业岗位，并且这个正向飞轮能够越来越大，从而使得更多的人从中受益，这才是大善。

所以薛兆丰老师在他的经济学课里讲，商业是最大的慈善。公益是小善，商业才是大善。

你所解决的问题越大，覆盖的人越多，福报也就越大。比如孔子、王阳明，他们在不同的时代都解决了人类的某些困惑，成为圣人；袁黄为官积善，最终立德、立功、立言，留下《了凡四训》流芳百世；当代的企业家如任正非等，致力于企业的使命不断精进，推动着科技的发展，因此获得人们的极大尊重。

另外，古时候的商业不发达、信息传递的速度也慢，所以积善以后的福报，往往要后延一代甚至多代人。而现代如此发达的信息和商业，你只要真正发自内心地做好产品和服务，很快就能获得福报。这，就是规律。

所以，如果你想做大善事，就从真正解决一个问题出发，创造出一个东西来，服务于大家。

谦德之效：海纳百川，是以为海

我有一次上北大光华管理学院刘俏院长的大课，那是一个两百多人的课堂，有一个学生站起来提问："老师，我有一个观点和您不太一样，不知道对不对……"

话音未落，刘俏院长立马谦卑地说："您一定是对的，请讲。"

《了凡四训》最后一章阐释了谦虚的好处。为什么作者要专门用一章来讲谦虚呢？可以这么理解，前面不管是立命之学、改过之法还是积善之方，都离不开谦虚这个行为准则。

要改变命运，就需要一个"偶然"来触动，明白命数自有规律，从而再明白改自己的德行才能配得上新的"命"。如果一个人谦虚，别人的观点，才能听取，进而思考接纳，那么他就有更大概率获得这个"偶然"，而如果一个人骄傲自满、刚愎自用，就很难获得新的输入，从而丧失改变命运的机缘。

改过和积善更不必说。如果人不谦虚，就会自认为很了不起，就很难承认自己有"过"，更别提"改"了。积善也是如此，一个盈满自负之人，很难有悲悯之心，如果要做一个大善之人，就必须要低下头来，虚心听取别人的声音，设身处地为他人着想。比如，如果有人也看了《了凡四训》，也看了我这段文字，觉得我对《了凡四训》的理解有误，或者没有他理解得高明，就会看不进去我写的这些，也不会思考对他是否有用，也就错失了一个触动的可能性。

《易》曰："天道亏盈而益谦，地道变盈而流谦，鬼神害盈而福谦，人道恶盈而好谦。"是故谦之一卦，六爻皆吉。

《易经》这句翻译过来就是：天的规律是减损盈满者而增益谦虚者，地的规律是变易满溢者而流向谦下者，鬼神的规律是危害高傲自满者而施福谦让者，人道的规律是憎恶骄傲自满者而喜爱谦虚者。

谦虚的人，内心是可以包容整个世界的，正所谓"海纳百川，有容乃大"。

人为什么会生气？生气就是对别人不满，一旦有人或事没有朝着他想要的方向行动或发展，就难以接受，产生生气的情绪。其实不管对谁生气、生什么气，都于事无补，反而暴露出自己狭隘、偏激的内心，既伤人又伤己。所以有人说，生气就是拿别人的错误来惩罚自己。

《道德经》说："为学日益，为道日损。"

为学日益，"学"往往解释为"学习求知"，这当然对，学习求知就是做加法，但其实"学"也可以理解为"进步"，不管做什么事情，想要进步，就必须做加法，想要做加法，就要虚心学习。

为道日损，就是在追求真理和"规律"的路上，要尽可能减少自己的主观意见，面对新的意见要时刻保持谦虚，因为事物永远在变化，只有"变"是不变的，自满就意味着故步自封，不能接受新的思想和观点，无法适应新的变化。

到此，《了凡四训》这部分的读书笔记就写完了，我们再总结一下它的核心观点：

1. 相信命由己作、福由心生，而不是命由天定。

2. 改变行为，让自己的德行配得上，就可以改变命运。

3. 发自内心地修心，可以彻底地改变行为；真正发自内心地为他人着想，就能积累德行。

4. 积小善不如积大善，创造和商业是最大的善。

5. 谦虚的态度，是修心、积善的底层价值观。

假设"心"不起，人的命是可以被算定的，但如果"心"变，通过修行，命是可以改的。"心"起的瞬间，就是你获得生命的偶然和意外。

第四章　创造，是生命的象征

做回自己：哲学究竟想告诉我们什么

冯友兰在《中国哲学简史》中提到哲学的定义："哲学就是对于人生的有系统的反思思想。"

胡适在《中国哲学史大纲》指出："凡研究人生切要的问题，从根本上着想，要寻一个根本的解决，这种学问，叫作哲学。"

古今中外的哲学思想，本质都是为了解决"人生而为何"这一难题的。在中国，儒、释、道三家都在不断给出答案。随着历史的发展，人类思想不断地进步，三家的理论也越来越丰富。我发现，他们可能是在从不同的角度说着同一个道理。

一、儒家：人皆可以为尧舜

"人皆可以为尧舜。"这句话出自《孟子》的《告子章句下》。原文如下：

曹交问曰："人皆可以为尧舜，有诸？"孟子曰："然。"

"交闻文王十尺，汤九尺，今交九尺四寸以长，食粟而已，如何则可？"

曰："奚有于是？亦为之而已矣。有人于此，力不能胜一匹雏，则为无力人矣；今日举百钧，则为有力人矣。然则举乌获之任，是亦为乌获而已矣。夫人岂以不胜为患哉？弗为耳。徐行后长者谓之弟，疾行先长者谓之不弟。夫徐行者，岂人所不能哉？所不为也。尧舜之道，孝弟而已矣。子服尧之服，诵尧之言，行尧之行，是尧而已矣。子服桀之服，诵桀之言，行桀之行，是桀而已矣。"

孟子的意思是说，做尧舜有什么难的呢？只要去做就行了。比如，慢一点走，让在长者后叫作悌；快一点走，抢在长者前叫作不悌。慢一点走难道是人做不到的吗？只是有人不那样做而已。你穿尧的衣服，说尧的话，做尧的事，你便是尧了。你穿桀的衣服，说桀的话，做桀的事，你便是桀了。

尧、舜都是中国古代的圣人，圣人是什么？是指被大众认为具有特别美德和神圣的人，也就是心中没有自己只有天下人的人。

圣人的标准又是怎么定的？我们通常说"立德、立功、立言"，这三个"立"其实都是一种"创造"。

孟子说人人皆可成圣人，很简单，你想成为一个圣人，只需要改变你的行为，和圣人一样即可。

同样的道理，如果你想成为一个有钱人，就去学有钱人是怎么变有钱的。你想过一个什么样的人生，就去学那样的行为。是你做不到吗？不是，只是你不那样做而已。

圣人、有钱人也有很多种，有各种各样的发展路径，那该如何学呢？

儒家经典《中庸》的开篇给了答案："天命之谓性；率性之谓道；修道之谓教。道也者，不可须臾离也；可离，非道也。"就是说每个人都有一个"天命"，这就是"天性"，率性而为就是走在正确的"道"上，儒家所谓的"教"，就是帮助每个人修正"道"，如何修正呢？就是让他须臾也不离开自己的"道"，率性而为。

这说明什么？说明你只要找到自己的"天命"，然后像那些已经找到"天命"的人那样去创造就好了。

那他们是如何创造的呢？

儒家在《大学》里有总结：格物、致知、诚意、正心、修身、齐家、治国、平天下。

从"格物致知"起步，就是让我们把事搞明白，要究其本质，彻底搞清楚。搞清楚了，意念才会诚实，内心才会端正无邪念，进而以身作则，管理好自己的家庭、治理国家、太平天下。

说白一点，就是基于你的"天命"，选好一个利他的方向，把它彻底吃透，然后诚心诚意地利他，去创造，在这个方向上让身边的人受益，进而让全天下都受益。

二、佛家：众生皆可成佛。

这句话出自佛家经典《法华经》。

当年释迦牟尼在一棵菩提树下静坐 7 天 7 夜，终于证悟成佛。证悟后，佛陀说的一句话就是："奇哉！奇哉！一切众生皆有如来智慧德相，只因妄想执着，不能证得。"

这句证悟之言，就是说众生在相上虽然千差万别，但是本有的佛性是一样的。通过正确的方法，诱导出佛性的光辉，使佛性起到主要作用，众生都可以成佛。

成佛意味着什么？佛家说的成佛，其实就是没有烦恼，获得心灵的彻底自由。

众生如何成佛？佛陀也给了答案，去除妄想执着。何为妄想执着，说白了就是私欲。去除私欲，即可成佛。

禅宗有个著名的公案。

禅宗二十八祖菩提达摩尊者，泛海来华，九月廿一日到达南海，广州刺史萧昂迎礼，表奏京师，梁武帝萧衍遣使往迎，次年十月一日到达建康，武帝见后问道："朕即位以来，造寺、写经、度僧不可胜数，有何功德？"尊者答道："并无功德。"武帝惊问道："何以并无功德？"达摩答："这只是人天小果有漏之因。如影随形。虽有非实。"武帝又问："如何是真实功德？"尊者道："净智妙圆，体自空寂，如是功德，不于世求。"武帝再问道："何为圣谛第一义？"达摩答："廓然浩荡，本无圣贤。"武帝与昭明太子等都是持论二谛的；立真谛以明非有，立欲谛以明非无，所以尊者用"廓然无圣"一句回答武帝，武帝错会祖意，对于"廓然无圣"却作人我见解。连连碰壁，萧衍未免烦躁，舌锋一转，盯着达摩蓦然厉声抛出一句妙问："在朕面前的到底是个什么人？"达摩答得更绝："我也不认识。"武帝不省玄旨，不知落处，因他们彼此说话不投机，达摩尊者便离开江南。之后就是达摩一苇渡江的故事。

为何达摩认为梁武帝并无功德？在达摩的语境里，梁武帝做这一切皆存私欲，因此并无功德。

如何去除私欲？我们在《了凡四训》读书笔记里讲过如何正确积善，核心就是真正发自内心地为他人着想，这就是去私欲的本质。

所以，佛家的观点，就是去除私欲，然后呢？那就只剩下真心为他人着想了，如此你就成佛了。

如果你为他人想得越多，为自己想得越少，你就越接近佛。

三、道家：道可道，非常道

这句话出自《道德经》。人人都可以得道，但这个"道"不是恒久不变的。

道家的得道，意味着什么？"道"我们暂且通俗解释为，是事物的本质与规律。也就是说，每个人都可以明白一切事物的本质与规律。

道家为什么说，人人可以得道？因为"天地不仁以万物为刍狗，圣人不仁以百姓为刍狗"，就是说天地是没有主观感情的，没有偏爱有钱人，也没有偏爱穷人，所以人人都有机会。换句话说，不管万物变成什么样子，那是万物自己的行为，与天地无关；天地顺其自然，一切犹如随风入夜，润物无声。

所以，任何人只要按照规律去做事情，不要人为地加以干扰，就可以得道。

再看《道德经》第二章："是以圣人处无为之事，行不言之教；万物作焉而不辞，生而不有，为而不恃，功成而弗居。夫唯弗居，是以不去。"

就是说圣人是按照规律运转行事，没有主观的"为"，并且不会主观地把功劳据为己有，正是因此功绩才会不朽。

《庄子·逍遥游》说："至人无己，神人无功，圣人无名。"就是说修养最高的人能完全顺其自然。

普通人明白了事物发展的客观规律，按照客观规律做事情，并且不把功劳据为己有，便也是得道之人。

比如你春天播种秋天收获就会拥有粮食，如果把这个功劳都归于上天的规律，你就会心怀感恩，心存敬畏，自然明年就还会有很好的收成，但是如果你把功劳归为自己，非要秋天播种，春天去收，你就收不到了。

上天是公平的，既然别人可以，那么也一定有一扇门是为你打开的，这时候你就走在了开启人生的路上。

另外，《道德经》还有一个观点："天长地久，天地所以长且久者，以其不自生，故能长生。是以圣人后其身而身先，外其身而身存。非以其无私邪，故能成其私。"

这句话是说：天地能长久，是因为他们的一切运作都不为自己。有道的圣人将自己放在后面，反而能赢得爱戴；把自己置身事外反而能保全性命。无私的人最后能成就自己。

所以，为什么《了凡四训》教你要真心为他人着想，因为这样你得到的最多；儒家的圣人不为自己，反而都能名垂青史；一个圣明的皇帝，如果能去除私欲，凡事以天下人为出发点，那么整个天下都是他的。

总之，最大的自私就是彻底的无私，最大的无私就是彻底的自私。

四、王阳明：天地虽大，但有一念向善，心存良知，虽凡夫俗子，皆可为圣贤

阳明心学可以说是中国哲学的巅峰，集儒、道、佛之大成，影响深远。

在他去世的五百多年中，真心实意把他当作精神导师的伟大人物不胜枚举，曾国藩、康有为、孙中山、毛泽东都是他的忠实粉丝。

日本海军大将东乡平八郎腰牌上面只有七个大字：一生伏首拜阳明。

阳明心学有两个核心观点，"致良知"和"心外无物"。

第一，"致良知"。初始来源是《孟子·尽心上》：人之所不学而能者，其良能也；所不虑而知者，其良知也。孩提之童无不知爱其亲者，及其长也，无不知敬其兄也。亲亲，仁也；敬长，义也；无他，达之天下也。就是说

"人不用学习就能的，是良能；不用思考就知道的，是良知。"也就是人的"天性"。

王阳明认为人各有天性，只是被各种习性感染蒙蔽了心智。举个例子，就是把鱼、马、鸟放在同一种比赛里，先考游泳，考跑步，再考飞翔，结论就是，全部都是庸才。

如果鱼、马、鸟都按天性行事，自然各得其乐，反而全部都是天才。就像鱼在水里，不知道什么是游泳，因为对它来说是"不学而能者、不虑而知者"，马与鸟也是同样的道理。

致良知就是让你找到自己的天性，顺应天性做事，这就是成事的"规律"。

第二，"心外无物"。这个观点总是被人为地归为唯心主义，与唯物主义割裂开来。唯物主义认为物质世界客观存在，所以难以接受"心外无物"的观点，但是我们虚心一点来看，唯物的"物"是怎么定义的呢？是谁来定义的呢？还不是由心去定义的吗？

"物"是由"心"来定义的，有些人可能不太理解，我举一个例子，比如你走进一个房间，房间有个椅子，当你看到这个"椅子"的时候，问题来了，是椅子本身就是椅子，还是你定义了它是一把椅子？你也许会说很明显啊，椅子就是一把椅子啊，但是假设进屋子的不是你，而是一只猫，它看到这把"椅子"的时候，还是椅子吗？在猫的意识里，它也许是一个"跳高玩具"。如果你说人和猫不一样，那么当你两岁的时候，想一想，你会认为它是"椅子"吗？所以，是因为后天的教育告诉了你它是椅子，因此你在你的意识里定义了这个物品叫作"椅子"。

既然"物"是由"心"来定义的，那么所有的事情就都可以由你的心来定义。比如你在上班的路上发生了追尾事故，导致你迟到了，这是一件"好事"还是一件"坏事"？今年的绩效得了一个C，是"好事"还是"坏事"？如果你知道所有的"物"都是由你的"心"来定义的，你会发现，这世上，竟可以没有坏事。所有的事你都可以认为它是好事。

《李叔同：世间没有不好的东西》一书中有一段描述："在他，世间竟没有不好的东西，一切都好，小旅馆好，统舱好，挂褡好，粉破的席子好，破旧的手巾好，白菜好，莱菔好，咸苦的蔬菜好，跑路好，什么都有味，什么都了不得。这是何等的风光啊！"这是李叔同晚年的生活。我想如果你也能保持这样的心态，可以从每件事里看到好的一面，你的人生将会越来越好。

有两个孩子，都是考试时总是语文不好，数学非常好。孩子1的家长将其定义为"偏科"，孩子2的家长却定义为"有特长"，孩子1后来连数学都考不好，孩子2的数学却越来越好，语文也在慢慢变好。孩子1因为家长定义自己是"偏科"，就自暴自弃，觉得自己干啥都不行，那就果真干啥都不行。

我在抖音上看过一个视频，一个老奶奶，在路边的廊椅上坐着，结果不小心拐杖滑落到马路上。由于行动不便，她求助旁边的小伙子，结果小伙子看了一眼，却什么也没做。老奶奶很诧异也很无奈，但是没办法，自己艰难地起身走向马路，在捡起拐杖的一刻，楼上的阳台突然坠落把廊椅砸了一个粉碎。老奶奶愕然，转而对小伙子说了一句："感谢你，感谢你什么都没有做。"

"心外无物"就是告诉我们不要被任何客观事物牵绊，不要被任何负面影响束缚，心才能自由，才能真正地返回到先天的本真状态。

所以，不要再冲着挣钱去挣钱，因为钱是外物，不要为了读书去读书，书也是外物。

王阳明说"但有一念向善"，这一念如何求？要问自己的内心，你行什么"善"才是真正舒适的，创造什么才是开心的？答案是去像鱼儿一样游泳，像鸟儿一样飞翔，像马儿一样奔跑。

看完这些，有没有感觉所有的哲学，其实都指向三个字：做自己。

对于哲学的终极三问，我是谁？我从哪里来？我要到哪里去？你是否要认真思考一下了？你是鱼、是鸟还是马？你有什么技能？准备如何过好这一生？

命由己作：苏东坡与王安石，你要选谁呢

有一段时间我在整理苏东坡的系列文章，一本《苏轼传》读了好几遍，夹杂翻阅林语堂的《苏东坡传》，计划把他65年生命中的重要事件和经典诗词整理出来，日后常看常新。

苏东坡一定是很多人的偶像，《人民的名义》里有个叫"郑西坡"的角色，就是因为喜爱"东坡居士"而起的笔名。然而同时代的王安石，却褒贬不一。有一个朋友问了我一个很有趣的问题：假如穿越回到北宋，你愿意做苏东坡，还是王安石？

超级有趣有情的苏轼

人们喜欢苏东坡，缘于他的乐观豁达，在人生逆境时能够悠然自处。比如被贬黄州，却能三咏赤壁留下千古名篇，在穷得叮当响的日子里，发明了东坡肉，还写下名篇《猪肉颂》；再贬惠州，却能日啖荔枝三百颗，不辞长作岭南人；贬到儋州（海南），然后发现了生蚝真好吃。

不仅如此，苏东坡对待身边的人，也是满满的爱意。

苏轼与弟弟苏辙一同长大，二十多岁到各有官职才分开，因思念弟弟写下《水调歌头·明月几时有》，"丙辰中秋，欢饮达旦，大醉，作此篇，兼怀子由"，有"本词一出，中秋余词尽费"的评价。

第一任妻子王弗去世十年后，苏轼梦中想起，一曲《江城子·十年生死两茫茫》道尽思念与哀愁。也曾称赞第二任妻子王闰之"大胜刘伶妇，区区为酒钱"。对待朝云，更是深爱，"彩线轻缠红玉臂，小符斜挂绿云鬟，佳人相见一千年"。

对待几个儿子，苏轼也是爱护赞赏有加，常与长子苏迈对诗，赞赏他比杜甫的儿子强。对次子苏迨，更是亲自到欧阳修儿子家上门提亲，促成亲事。幼子苏过性情最像父亲，人称小坡，苏轼常听他读书，经常想起小时候的自己，

"当年踏月走东风,坐看春闱锁醉翁,白发门人几人在,却将新句调儿童。"

苏东坡的故事远不止于此,几本书都写不完,苏门六学士、苏轼与他的朋友,同样流传着许多让我们会心一笑的事。

总之,苏东坡就是一个超级有趣有情之人。

超级无趣无情的王安石

和苏东坡相反,王安石却是一个超级无趣无情之人。

当然,无情不是绝情,是少情。王安石几乎没有朋友,论孤独的境界,他在中国历史上应该数一数二。他的一生致力于熙宁变法,也就是历史书上我们学过的王安石变法。他本应该在事业上有一些朋友,可是最信任的人最后也背叛了他。他一生只有一个妻子,妻子曾从外边买了一个姑娘回来给他做妾,他却给了一笔钱然后让姑娘走了。

论无趣更是到了极点。苏东坡爱吃如命,王安石是真正的有啥吃啥。有一次大家一起吃饭,王安石把面前的鹿肉吃得干干净净,人家以为他喜欢吃鹿肉,争先恐后地送。他的夫人觉得奇怪,问明缘由后说,下次你们在他面前放小菜试试,结果他果然将小菜吃得干干净净,而桌子对面的鹿肉则一点都没有动。

王安石年轻的时候把大量时间花在看书学习上,基本上数月不洗澡不换洗衣服,老是一副脏兮兮的样子。中了进士为官后,依然每天蓬头垢面、满身汗臭,甚至上司韩琦都看不下去。

由此可见,王安石最大的特点是专注,一生聚焦于变法。

想起比他早一代的范仲淹,也是一生都在为民请命、为国分忧,"居庙堂之高则忧其民,处江湖之远则忧其君""先天下之忧而忧,后天下之乐而乐"。两个人都是生活极其简朴,只是范仲淹多了一些豪气,王安石则多了一些理性与深刻。

其实,我们现实生活中也有这样的人啊,布鞋院士李小文、北大数学系的韦神,他们的世界就是这样简单纯粹。

旁人的评价

林语堂在《苏东坡传》中评价王安石："刚愎自用、糟糕透顶的一个人。"甚至将宋朝的灭亡归咎在王安石变法引发的党争上。

然而，梁启超写了《王安石传》，开篇自序就是"自余初知学，即服膺王荆公……"叙论中更有"以不世出之杰，而蒙天下之垢，易世而未之淸者，在泰西有克林威尔，而在吾国则荆公"。

对王安石的评价历来褒贬不一。

林语堂之性格与苏轼颇同，看他写《生活的艺术》，也是能在平淡日子里活出快乐的人，风花雪月诗酒茶百般乐趣，非常值得一看。所以他和苏东坡非常对路，但把王安石贬得一无是处，我认为着实没有必要。

梁启超写这几段话，说不好也有戊戌变法的背景，他希望借王安石的故事说服更多的人。

两个人的心境

说来说去，都是旁人说。

我们想想王安石自己呢，他会在意这些褒贬吗？我想是不会的，因为除了变法，没有什么值得他在意的。所以，从王安石的角度看，变法一定是有趣的。

晚年的王安石，其实与苏东坡是同频的，不然就不会邀请他到南京定居了。

> 屋绕湾溪竹绕山，溪山却在白云间。
> 临溪放艇依山坐，溪鸟山花共我闲。

能看出来，这是王安石的诗吗？

其实，我想说的是，两个人的心境，竟是一样的。

苏东坡：考了状元我开心，不能做官我种地，管他介甫与君实，我自逍遥在人间。

王安石：神宗用我我开心，不能变法我研习，管他背叛与孤独，我自逍遥在人间。

如果将王安石的繁重国事常年托于苏东坡，还会有三咏赤壁吗？如果被贬的是王安石，就一定不会有三咏赤壁吗？

给我们的启示

没有哪两个人的人生是一样的，也没有一个绝对正确的人生，旁人的评价其实无关紧要。只要这个人生，你觉得有趣，就可以了。

什么样的人生是有趣的人生？唯有创造。在一个你愿意浸入其中的领域，有对这个世界要说的话和要做的事。你通过创造留下的东西，就是生命的象征。

王安石浸入政治，留下了熙宁变法，苏轼浸入词坛，留下了四千多首诗词散文。

王安石与苏东坡，都是唐宋八大家。

你要留下些什么呢？

顺势而为：人生贵在把握内外两个势

通过解读苏东坡与王安石的人生与他们各自的心境，我们知道，人生没有一种绝对正确的活法，即使有，那么标准也是由你自己定义的，这和哲学告诉我们的道理一样。

工作这些年，我见证了很多在华为满45岁"退休"的员工，可能是感受到了多年的工作压力，有的人要么回家待着什么都不干，要么找了一些别的单位，不温不火地过着平常的日子，很少有人再去充满激情地做一些事。反倒是那些从公司裸辞的员工，有不少创业的。我不知道人生是不是有一个年龄开关，或者至少是心理年龄开关，一旦按下，梦想的心门就会关闭。

不管怎样，我真的希望每个人都早一点转变，去创造，去做青史留名的事情。

怎样找到自己一生的事业？我觉得就是把握两个势，内势和外势。

内势是内心的势能，问自己内心，到底倾向做什么？

稻盛和夫一部《活法》畅销至今，成为经典，被许多企业家推崇，后来又有丛书《干法》《心法》发行。他的人生方程式也已广为流传：人生工作的结果＝思维方式 × 热情 × 能力。但我读他的书的时候，总感觉有一种悲壮的力量，比如《干法》里提的"工作是一种修行""在努力工作的过程中锤炼心灵""自己就是工作，工作就是自己"。

这些话，不可否认，全心全意地投入工作，尝试去热爱它，相比你厌烦一份工作、抵触一份工作，好的心态一定会战胜差的心态，整个人生都会变得更好。但是，为什么字里行间会让人感觉到一种悲壮呢？就是人生好像没得选择，你有一份工作，就去爱它，爱它就能过得更好。没错，稻盛先生很少谈及"选择工作"。

我想这就是日本文化的局限性，日本 20 世纪 60 年代的"国民收入倍增计划"导致几乎所有的岗位都是终身聘用制，炸天妇罗的匠人一炸就是一辈子。没得选的情况下要怎么个活法？就该干啥干啥吧，尝试去热爱它。这个道理，其实中国人早就说过："既来之，则安之。"

如果你是一头拉磨的驴，这辈子就是把磨拉好，养好身体积攒力量，掌握好奔跑的速度，磨出最好的豆腐。你想去做一只流浪在海边写诗的驴，对不起，没有机会。

这样一想，畅销了 17 年的《活法》，恐怕超过一半的人，都只读懂了一半。也难怪企业家要极力推荐这本书，恐怕更多是希望员工全心全意地投入当下的工作吧。

幸福的是，在中国，做什么样的工作，你有的选。

2017 年，查理·芒格作为《每日期刊》杂志社出版公司董事会主席，主持了公司年会。在一个关于人生目标的问题上，芒格给的建议是："以他的人生经验来看，只有做自己感兴趣的事情才能成功。要是自己不喜欢的事情还要做到很好，那对人性的要求也未免太高了。除了兴趣外，还要注意选择自己有过人之处的领域，比如身材不高就别打篮球，也不要觉得世界会按照你认为的方式运转。"

31岁时我陷入人生迷茫期，那时我就想，我到底要创造些什么？于是我开始认真分析自己，我到底喜欢什么？我在纸上写了很多让我觉得开心的事，在工作上我喜欢思考、梳理逻辑、头脑风暴、战略、管理、设计、写作等，在生活中，我喜欢读书、旅游、唱歌、打篮球、下象棋等。我不喜欢的有应酬、内卷、约束、重复等。于是我开始把读书和写作组合起来，边读边写，就这样写了四五年，写过儿子的成长故事，写过家庭的日常，写过管理经验的总结，写过工作的感悟，写过读书笔记、课堂笔记，2022年，身边便有越来越多的同事朋友来找我咨询，在知识星球里我也收到了很多问题，我想我为何不把这些内容整理成书呢？

我在大学时有个师弟叫毛飞飞，中学时他就对技术非常感兴趣，经常研究单片机、电路、编程等，后来和我一起在学院的记者团工作时，他在版式设计和文案创意方面又表现出了很强的天赋。研究生毕业后，他在浙江一所大学担任老师，工作之余发明了一个小机器人，取名二白，并且能模拟人说话。他设计了很多模拟语音，这样机器人就可以起到很好的陪伴作用。他给机器人做了一个抖音账号"我系二白"，2018年就已经很火了，到2022年全网已经有五百多万粉丝。

我问他为什么会想到做一个机器人，他说从小特别喜欢小动物，觉得小动物特别可爱，他在孤单的时候，有时候就是和小动物一起度过的，但是小动物终究会离我们而去，因此他特别想做出一个像小动物一样的机器人来，让越来越多的人能够在孤单的时候有所陪伴。

人生只有多方面势能的结合，才会成就独一无二的你。

我曾经见过一个大佬，谈到商业问题，他说做生意的本质不是满足所有人，而是找到同类，找到一群有共同价值观的人。我想起在一个综艺节目上，歌手杨宗纬改变了他一贯安安静静唱歌的风格，开始唱跳，评委席和观众都表示了不悦，房琪的评价非常有意思，她说："不知道为什么你做出改变，如果是为了满足部分粉丝的要求大可不必，如果是自己想尝试新的事情，那就无所谓别人满不满意了。"

外势是外部的势能，看看这个世界，需要你做什么？

没有人是一座孤岛，可以自全，每个人都是大陆的一片。

这是著名诗歌《没有人是一座孤岛》的首句，作者是 16 世纪英国玄学派诗人约翰·多恩。我们时常厌倦尘世的喧嚣，向往着与世无争的生活，但是只要我们活着，就逃不开与世界的关系，即便独处，也需要世界的配合，即便独处，你心里想着的也是其他人。

马斯诺需求层次理论揭示了人性的天然需求，在满足了基本的生存需求和安全需求之后，接下来就是爱与归属、尊重和自我实现。后面三类需求，都是需要你向其他人提供价值来实现的。人们渴望亲情、友谊、爱，希望能和别人建立起一定的交际关系，希望得到别人的认可，在亲朋、同事中占有一席之地。进而需要在一定群体中有威望、被承认、有地位、有名誉、被欣赏。最高层次的需求，是实现个人的理想、抱负、追求，如成为科技、音乐、体育等领域的顶尖人物，甚至是时代里程碑型的人。

既然如此，那么给这个世界创造价值，创造越来越多的价值，就是你本身的需求。怎么证明你创造了很多价值呢？钱就是一个很好的证据，因为钱是一般等价物，你足够有钱，说明有很多人愿意把钱给你，就说明你足够有价值。所以，要欣赏有钱人和成功人士，积极和他们相处，因为他们中间的大部分人，是在为社会创造价值，有的企业一年能解决成百上千个就业岗位，解决员工的生计问题，还能向社会提供有用的产品或服务，这难道不是价值吗？

有人又说，你不是讲"钱"不是时代植入我们大脑的一个"锚"吗？不是不要为钱疯狂吗？是的，不要为钱疯狂，但要为"价值"去疯狂，钱毕竟只是一个证据，我们做了事情不是求得一个证据，而是真正有价值。证据只是一个观测项，只是在提醒我们反思，是哪里做得不好，从而改进我们的价值提供方式。钱好像一个温度计，提醒我们日子过得好不好，冷了该加衣服，热了该减衣服，而不是想办法去调温度计。

回到 1999 年，当时我们家在决策是否让我继续上学，如果我那时真的离开了学校，就无法创造出更大的价值。所以，人在做选择的时候，要选择那些在未来能够带来更大价值的。

再想想那些 1990 年前后选择奔赴深圳的人，想想 1998 年离开体制的那群人，大概率他们比身边的人要有钱一些。《超级演说家》冠军北大刘媛媛在她的《精准努力》一书中曾经写了这么几句话："挖井选对地方很重要，挖矿选对地方很重要，买房选对地方很重要，工作选对公司很重要，创业选对赛道很重要。有时候怎么努力都没有结果，或许稍微挪动一下位置，事情就对了。这就是顺势而为。"

2004 年，35 岁的雷军曾经自我拷问："是马云比我聪明一万倍，还是说我不够勤奋？"

后来接受采访时雷军说："我真正想通这个问题是在 2004 年，马云没有比我聪明一万倍，也没有比我勤奋，是我们没有把事情做在点上，没有顺势而为。后来就想我怎么能赢在未来十年，所以在 2005 年想明白了移动互联网是未来，又不懂，就投资年轻人去做移动，又发现好像做移动互联网，又跟手机终端有关系，2007 年出 iPhone，又触发了我对整个事情的看法。"

在想清楚了未来的"势"后，雷军的小米公司横空出世，并且创办了"顺为资本"。

所以，雷军说："只要站在风口，猪都能飞起来。"这么一想，就会突然明白，这只"猪"说的是谁。

大环境看大趋势，小环境看小趋势。顺着趋势做正确的事，远比把事情做正确重要得多。站在正确的位置，赚钱如滚雪球；站在错误的位置，挣钱如推石头。

人生贵在把握内外两个势，如果全部精力只关注内势，就会忽略价值，爱与归属、尊重、自我实现的需求无法满足；如果全部精力只关注外势，就会忽略内心，就会陷入无意义的空虚状态。

所以，既要听从内心，也要把握大势，才不枉来这一生。

特立独行：世上仅有一个你

有一年过春节，家人一起看春晚，到了歌舞节目，我弟弟说你看这个舞台哪个地方是实景，哪个地方是虚拟技术做出来的，我妈说舞蹈演员的裙子真好看，我爸的关注点却是歌词到底在唱什么。

不一样，是人生的底色

所以，你会很容易发现，虽然客观世界是相同的，但是每个人看到的、感受到的东西却完全不一样，也就是说上天给了我们每个人生命，但给我们装的软件完全不一样。不一样，其实是人生的底色。

我有两个儿子，大儿子乐乐，小儿子熙熙。乐乐小的时候，我们在家里挂满了挂图，他很快就学会了看挂图，并且从挂图中学会了很多发音和文字，三四岁的时候已经认识很多汉字，而熙熙的兴趣点完全不在看挂图上，而是不断拉扯挂图，他的天赋是极强的运动能力，只要放下奶瓶立马就爬走，这儿捣一下，那儿碰一下，永远闲不住。这和乐乐完全不一样，乐乐非常注重安全，稍微意识到有危险的地方，就不去了。

一个妈生的尚且如此，何况每个人的家庭背景和生活环境千差万别，所以，不一样是必然的。

我们为什么变得一样？

上学后，我们开始越来越多地被要求一样，比如穿一样的校服，同时上课下课，背同样的课文，要求考同样的成绩，遵守同样的规则，因为每个人都一样，我们很多时候认为这是理所应当的，但实际上就像我之前讲的，教育的目的是为了选拔优秀的人才，衡量的维度相对单一，就是把鱼、马、鸟放在同一个赛道上，如果幸好考的是飞翔，鸟儿就会被认定为优秀。学校为了达成这个目的，就围绕飞翔设计了一套教育体系，因此每个人受到的教育内容都一样，同时老师和教育资源有限，为了统一管理，制定了统一的规则，我们才开始变得越来越一样。

到了工作中，我们接受的管理方式依然是一样的，人被分在不同的部门，各个部门基本上干着同一类事情，比如你是销售，就做好销售，你是产品经理，就做好产品经理，你因此被打上了一个社会角色的标签，说话办事都要按照这个角色规定的范围来做。

为什么会这样？实际上和我们所处的时代有很大关系。工业革命之后，生产效率大幅提升，社会开始以企业的形式把人组织起来，最大化提升人的作业效率，所以出现了生产线上的工人，不同的工人划分为不同的工种，又出现了各种各样的社会角色，中国由于发展比较晚，但在 20 世纪八九十年代也逐渐开始工业化，所以我们的父母以及我们这一代人，大多数都习惯了这样的社会分工模式，理所当然地把自己定义为某个角色。

为什么你要关注你自己？

变得一样，对整个社会来说是好的，通过专业化与分工，可以极大程度地提高社会运转效率，实现整个人类社会生产总值的提升。但也正是因此，我们个体的创造力被极大压抑，我们关注 GDP、关注企业的营收规模、关注收入，所有这些，不过都是围绕一件事——"生产"。只是，很少有人关注作为个体的你到底需要什么，包括你自己。

人生的底色，其实不一样，但是为了促进社会运作效率的提升，我们变得一样，实际上当我们被时代裹挟着向前的时候，尽管物质生活越来越丰富，但是精神世界却是越来越匮乏的。如果把社会比喻成一片花园，我们花园里的花朵越来越多，显得很繁荣，但花的种类只有一种或者少数几种，那这样的花园其实并不好看。你本来是一颗向日葵种子，现在被迫开出了桃花，甚至你都忘记了自己原本是一株向日葵。

我有一个朋友，厌倦了在大厂工作，选择离职，当时他非常想重拾大学的专业，去做设计，即便是从头开始也愿意，因为这是他心里想做的事情。可是回家后，迫于家里的压力，最后决定开一个饭店，经营了两年，他发现不仅没有在大厂打工挣的钱多，反而比大厂操的心要多，起早贪黑还没有节假日，后来便又开始找工作了。

其实，我们大多数人的选择都迫于生计，出发点都是怎样挣钱多，也就是我如何开出漂亮的桃花，却很少想过，我到底是一颗什么样的种子。也许我们在很小的时候知道，但是长大后就忘了。

开一家普普通通的饭馆，本质上其实和打工没有太大区别，最后拿到手的就是社会平均工资，也就是为社会打工，很多人以为的创业本质上都是如此，开饭馆、开早餐店、卖水果、开网店等，也许你能借助某些势在某个时间段获得较好的收益，但是一旦有高收益，很快就会有更多人涌进来，迅速把你的收益摊薄，你仍然是在为社会打工。

什么样的企业不是为社会打工呢？答案是一个有着独特的核心竞争力的企业，比如比亚迪的电池技术、字节跳动的人工智能算法等。刘润老师说："时代发展可能会带来红利，红利终将消失，向左变成工资，向右变成利润，如何向右？需要你挖出一条护城河，因为真正的利润，来自没有竞争。"

为什么有的人能挖出护城河，有的人挖不出？这个问题换个问法，就是核心竞争力到底是怎么产生的？我们可以看看那些伟大公司的核心竞争力，阿里最开始只有一个中国黄页，马云在一个屋子里对着 18 个人讲了一个伟大的梦想：我们要建成世界上最大的电子商务公司，要进入全球网站前十名！8 年后阿里在香港上市。马云之所以有这个梦想，是因为他去了一趟美国看到了互联网的发展，心里萌芽了一个小小的想法。

你可以看到，无论是乔布斯的苹果，还是爱迪生的 GE，每一个伟大公司的背后，都来源于创始人一个小小的想法。事实上所有的企业都是从小到大，创始人的经历和一个小小的想法，决定了企业的价值方向。

比如华为从代理起家，积累了通信领域的技术，年复一年，又积累了更多的技术。有了这些技术，它便有理由把数字世界带给每个人、每个家庭、每个组织，构建万物互联的智能世界。

字节跳动通过张一鸣在搜索技术领域的不断积累，重新定义了人类连接和共享信息的方式，从而激发了人类的创造力，丰富了我们的生活。

无数的饭店开了又倒闭，但是海底捞的名字在商业史上留下来了，为什么？因为它提供给了客户差异化的服务体验，这是别人学不来的。海底捞为什么能提供近乎变态的服务？因为创始人张勇一次招待客人的体验，促成了他的一个想法。

把创始人心中那个小想法放大，就是企业给自己定的使命，比如阿里巴巴的使命是"让天下没有难做的生意"，GE的使命是"让世界亮起来"，迪斯尼的使命是"使人们快乐"等。不要认为这些高大上的企业都遥不可及，要知道他们的创始人一开始也都是从零起步的，你和他们的区别仅仅只是有没有那一点小小的想法。

想要不为社会打工，就要有核心竞争力，而核心竞争力，来源于一个小小的想法。这也就是为什么我让你关注自己的原因。

你的差异化价值，是你来过这个世界的唯一证据

既然使命是放大了的想法，那么使命的本质，就可以理解为赋予你内心中的那个小小的想法以生命。你心中的那一粒微光，会指引你点燃全世界。

回到我们个人，如果我们不冲着钱去，而冲着心中那个想法而去，比如你想种出一根"营养价值比普通黄瓜高十倍的黄瓜"，那么你就会去积累和种植黄瓜相关的资源和能力，在这个方向上不断投入，不断积累，慢慢地在这个世界你有了属于自己的产品，属于自己的价值。如果你的黄瓜有很多人买单，你就会有动力种出更好的黄瓜，黄瓜种好了，你可能还会想种西红柿、种冬瓜南瓜，给这个世界留下更多创造。

如果你只是卖一根普通的黄瓜，你在这个世界将籍籍无名，但是你种出了想种的黄瓜，世界就留下了你的名字。所以，你的差异化价值，是你来过这个世界的唯一证据。

比如同样是导演，贾樟柯导演的电影作品，就具有他鲜明的个人特色和非常独特的风格。不管是《小武》、《站台》还是《山峡好人》，他都采用了非专业演员和真实的拍摄环境，并且都聚焦于中国社会最底层的人民，都充满了浓厚的乡土气息。另外，在拍摄手法上，非线性叙事、慢节奏也是他的电影非常显著的特点。正是因为这些鲜明的个人特点，才使得他的电影作品在国内外都受到了广泛的赞誉和关注。

同样是看春晚的歌舞节目，有人听到了旋律，有人听到了歌词，有人眼

里都是舞蹈，有人看到了连衣裙，有人看到了灯光，有人在解构虚拟技术……

同样是看到歌词，我看到的是优美的诗句，你看到的是感动的故事，他看到的是祖国的进步……

看，每个人都是独一无二的，不一样，本就是人生的底色。

所以，你的人生，是因为你的内心那个与别人不一样的微光，才刚刚开始的。

第五章　兴趣，是生命的解药

找对方向：如何找到你的兴趣

有朋友说，我看了你的文章，觉得对那些有兴趣爱好的人来说，你都是对的，他们可以沉浸进去享受生活，但是很多人是没有兴趣爱好的，要怎么办呢？

确实，认识自己是个大难题，尤其我们80后还有一个特点，就是被强烈压抑的个性，因为繁重的学业和生活的压力，导致我们大部分人发展不出自我。

90后稍微好一些，毕竟很多人生活条件变好了，我在华为后面这几年，发现一个现象，就是虽然公司招的应届生越来越优秀，薪酬给得也越来越高，但是他们在入职后半年内的离职率也越来越高。这说明，越来越多的年轻人可以有条件拒绝华为的高薪，选择自己更喜欢的状态。

00后、10后就更好一点了，没有生活之忧的人越来越多，国家也开始取消教育内卷了，这真是一代人的福音，他们自由选择的权力将更大。可以期盼，十年二十年后的中国，可能将重现一个百花齐放、百家争鸣的时代，当80后变成老年人，也将很难适应少年们的个性张扬。

之所以不同时代人的差异这么大，核心是物质财富的丰富程度，人是在拥有了物质需求满足的安全感之后，才会对精神需求有更多追求的。

但这并不意味着 80 后就没有兴趣爱好，只是我们不要过于苛刻地去理解它。兴趣爱好，不是一个你已经形成的特长，只是你在所有创造性工作中，找出一个相对不烦的那一个，而已。

尝试下面几个方法，可以帮助你想清楚自己到底喜欢什么。

方法一：大胆假设

假设你突然有了一个亿，小目标已经实现，你会做什么？

我想很多人会想着把房子车子换一圈，先挥霍一通，这可以理解，因为我们过去都处于一种过于压抑的状态，需要释放自己的欲望。但是，然后呢？生存需求和安全需求解决之后，你就只剩下追求价值感了，越是有钱的人，越会这么想，因为最顶层的那一层需求是自我价值实现。

那么，在你没有金钱担忧的情况下，做什么事来满足你的需求？多畅想，很可能，这个事情是你真正想做的。

我曾经问过"我系二白"创始人毛飞飞这个问题，他想了想说，还是会做机器人，但是不会那么着急，慢慢地把公司的发展路径梳理清楚，再花点钱引入一些牛人，把技术研究好，把团队的问题处理好，总之就是慢慢做。我想我的这个师弟，大概就是找到了他的人生方向了。

方法二：回到经历里去，找到关键词，横向对比

一个做了十年理发师的 Tony 老师，突然说想成为一个顶级程序员，想想都是不可能的。

一个不喜欢数学的人，说想成为一个统计学专家，也是不可能的。

回到你过往的经历里去，把喜欢的关键词和不喜欢的关键词都写下来，重点看那些喜欢的。这样显性化对比，你就可以大致了解自己的偏好。

审视你过往的学习、生活经历，比如上课时除了学习，你爱玩什么，不听讲的时候在想什么？什么课成绩最好？有没有家长或老师不让你干，偷偷要去干的事情？

审视工作经历，领导表扬最多的是什么？做什么样的工作最不费力？同

事羡慕你什么能力？最喜欢干什么样性质的工作？

有时候对于优势关键词，需要一双善于发现的眼睛，比如有一次我爱人发现乐乐对唐诗的手势舞特别感兴趣，虽然网上有很多人录这样的视频，但是并没有录得特别好，她自己又编了一些手势舞，也有很多人喜欢。于是我发现她很爱跳舞，突然想起有时候散步碰到广场舞，她也会跟着跳，而且学起来也很快。

所以，群众的眼睛是雪亮的，你喜欢什么？可以去问问你妈妈、你的同学、你的朋友，看他们眼中的你是个爱好什么的人？

如果实在不知道怎么写关键词，我再说一个做选择题的方法，就是二选一，你必须选择一个，比如：

第1题：拉磨和打橄榄球。

第2题：打橄榄球和打羽毛球。

第3题：打羽毛球和画画。

第4题：画画和学英语。

第5题：学英语和品酒。

……请自己接下去。

所以，你看，总有一个事情，是你相对喜欢的。

另外，写关键词的时候，切记不要和别人比较，一比你就发现这也不行那也不行，不要拿你的语文和别人的语文比，而是拿你的语文和自己的数学比，这样就能找到答案。比如，写作我肯定写不过韩寒，演戏肯定演不过易烊千玺，比多了你就发现自己很差。所以，一定是用自己的 A 项和自己的 B 项比较，选出一项自己喜欢的。

还有一点，年纪大了，尽量不要选"身体"方面的关键词，因为比不过年轻人，即使你颜值爆表，过了 40 岁，和 20 岁的小姑娘比，依然差得远；尽量选"经验"方面的东西，因为你毕竟是过来人，即使不知道怎么就过来了，站在高维视角回头想想，也能说出个一二三来。

把喜欢的东西做成组合，这样很可能是一个新的赛道。

比如，你喜欢听歌，语文也很好，可以尝试做一个"歌曲推荐官"。我大学有个同学，就是做歌单推荐，大学时候校内就有几十万粉丝。

你会搞技术，也喜欢分享，可以尝试做一个"技术解构师"。我有一个师弟，就正在做这个。

在工作上我喜欢思考、梳理逻辑、头脑风暴、战略、管理、设计、写作等，在生活中，我喜欢读书、旅游、唱歌、打篮球、下象棋等。我通过整合思考、读书与写作，就可以形成一本书。

方法三：审视你的抖音

很多人沉迷于抖音无法自拔，也有很多人觉得抖音太消耗时间，干脆卸载不用。但是我们要认识到抖音本身只是一个工具，是工具对我们就有用处，我们可以用它来了解自己。

如果没有抖音，请下载一个，不假思索地刷一个月，再审视你的抖音。

抖音给你推荐什么内容，就说明你对什么感兴趣。是的，抖音比你自己更懂你。想要了解一个人的喜好，就看他的抖音。

没有任何两个人的抖音是一样的，这就是差异化。

也许你认为通过刷抖音可以了解自己，但是抖音上的内容都是给我们娱乐的，了解了又有什么用呢？答案就是识别兴趣点，然后把兴趣点转化为创造性快乐。

比如，抖音给你推荐的是各种电影，看电影是你的兴趣，而电影推荐、电影评论、电影解析就是一种创造性快乐，可以给别人带来除电影外新的价值。同时，也可以关注推荐给你的这些电影都有什么共同点？比如历史类的居多？爱情类的居多？也许你的兴趣在历史，那就尝试读历史写历史分享等。

又比如，你喜欢看下象棋，教人下象棋就是创造。

再比如，看美妆博主，和成为美妆博主。

方法四：性格测试

一个是 MBTI 性格测试，它会把你的职业性格分类，比如外向型、随意型、情感型、直觉型等，剖析你的核心优势，同时还会从心理学的角度帮你更好地认识自己。

一个是 HDBI 全脑测试，看你的思维模式偏好是哪个象限，蓝脑的思维方式是"理性我"，绿脑的思维方式是"稳妥我"，红脑的偏好是"感觉我"，黄脑的偏好是"探索我"，每一个思维模式偏好都有适合的职业，你可以在其中把那些看起来爽心悦目的职业标出来，再横向对比，结合自己的情况做出选择。全球已经有超过 200 万的企业成功人士参与测评和培训，通过不断真正了解自己，迈向了事业高峰。

当然还有 DISC、PDP、霍兰德职业兴趣测试、九型人格等，你都可以试试，毕竟我们这一生中，了解自己，是一件很有必要的事。

兴趣链条：兴趣是怎么诞生的

一个朋友提来的问题：

姐姐家 7 岁的女儿沉迷玩手机，语文比较差。但是很聪明，特别喜欢黏人，经常和我视频聊天达两小时。为了培养她的语文阅读兴趣，我让她用读书的时间置换和我视频聊天的时间。

1. 不知道我的做法是否妥当？

2. 如何培养小朋友的学习兴趣？

这个问题很好，对成年人来说也是有用的，因为身边有很多人，面临的问题都是找不到自己的兴趣。我花了一些时间，研究了如何培养孩子的兴趣，给出了一些建议，分享如下：

第一，用视频聊天来置换阅读，不太合适。

这个置换对孩子来说是一种强迫，久而久之可能还会让孩子感受到压力，减少和你视频的时间，影响亲密关系，反作用大于正作用。

就比如你交了一个男朋友，他说每天可以见面两小时，但是你必须学驴拉两小时磨，一开始你可能还没什么，时间长了你肯定不干。

第二，兴趣是如何诞生的？

我说在太平洋一座小岛上，流行一种运动叫"打豆球"。在我说出来之前，你肯定对它没兴趣，因为你根本就不知道什么是豆球。事实上，也的确根本就没有豆球这项运动，是我编出来的。

再举个实际点的例子，一个常年生活在非洲的非洲人，一定就很难对中国象棋产生兴趣。

所以，兴趣的产生，一定是受环境的影响。

环境会引发很多兴趣，这种兴趣通常很短。比如你看了一场魔术表演，大呼过瘾，就产生了想要了解和学习魔术表演的兴趣，但是这类兴趣很短暂，难以持久，怎样转变成持久的兴趣呢？那就是深入了解和学习，并在这个过程中不断获得正反馈与成就感，从而使得兴趣增强，形成循环。

这个链条就是：

环境—短暂兴趣—深入学习—认识到价值—正反馈与成就感—稳定的兴趣—正反馈与成就感—增强的兴趣—正反馈与成就感……

因此，要想产生持续稳定的兴趣，环境是第一步，深入学习、认识到价值是第二步，持续的正反馈与成就感是第三步。

我们给这个链条取个名字，叫兴趣链条。

第三，孩子是如何沉迷手机的？

孩子沉迷手机，不管玩的是什么，说明孩子对玩手机产生了浓厚的兴趣。兴趣怎么来的？那一定是孩子先接触到了手机（环境），并且觉得很好玩（认识到价值），然后就继续探索继续玩（持续的正反馈与成就感），从此就沉迷了。

手机里的东西太杂了，可能会消耗孩子的专注力，这是比较可怕的，孩子最宝贵的就是专注力。如何让孩子不再沉迷手机中？能直接断绝孩子与手机的接触吗？这样孩子一定会很痛苦，想想如果你迷上了某个电视剧，正到高潮，然后告诉你以后不能看电视剧了，你是不是很难受？

要知道，你关注的会被放大，因此，不能把你的注意力放在"如何让孩子不再沉迷手机中"这件事上，应该放在"如何植入新的兴趣"上，这样孩子就会逐步减少玩手机的时间。

第四，如何植入阅读和学习的兴趣？

最近朋友转发我一个刚刚考上北大的同学的发言，他总结了自己之所以能考上北大的原因："对学习来说，兴趣是基础条件，家长要善于发现孩子的兴趣和天赋，创造条件让他们投身其中。我有很多优秀的学长都是基于青少年时期的兴趣，加以引导，再参加各种各样的竞赛，体验有趣的学习过程。家长要有发现的眼睛，并且引导孩子学以致用，要把学到的东西用在生活中。我自己就是从小对天文学感兴趣，从而读了很多科普读物，接触到了很多科学前沿的知识，对物理学产生了浓厚的兴趣，后来又看了《三体》小说……"

孩子语文比较差，不愿意阅读，是缺少一个合适的契机来引导他进入阅读。这个契机不能是由大人灌输给他，一定要他自己明白。

第一，可以利用和孩子视频的过程，植入影响孩子想法的内容。孩子肯视频，说明对你是信任的，视频的时候，可以给他讲你看了什么书，有什么故事特别好玩，看看他的反应，再进一步激发他的兴趣，不要过于刻意。

第二，他看手机视频，搞清楚他在视频里对什么感兴趣，找到这个兴趣，引导到书本上。比如说有的小孩子喜欢看《小猪佩奇》，有的喜欢芭比娃娃，关注他的喜好，买《小猪佩奇》的书或者芭比娃娃相关的书给他，从故事引入到书本。当然，买的书一定要匹配这个阶段的难度。

第三，学习的动力来自兴趣，兴趣来自环境，环境主要来自陪伴者。所以，陪伴者至关重要，孩子的父母或陪伴者一定要改变。孩子都是跟着父母学，就是父母的复印件。所以，大人也要放下手机，家里要摆满大人看的书，把平时玩手机的时间都用来看书。家里的静态环境也一定要变，如果一本书都不摆，没有环境孩子就不会有兴趣，所以摆上书，各式各样的都摆一些，时间长了，总有一些孩子会主动拿起来。

第四，关注孩子和语文老师之间的互动，把语文老师好的一面讲给他听，同时请语文老师在课堂上多关心他。有时候遇到一个好的语文老师，就会很快激发一个孩子的阅读兴趣。

第五，一切皆游戏。

其实对孩子来说，学习和游戏没有本质区别，我们小时候也是区分不开的，只是因为大人经常说学习是一件很难的事，给了孩子"学习就是很苦的"错觉。这一点是要想办法纠正的，要找机会让孩子明白，语文其实是一个很有意思的游戏。

比如有的小孩从来没做过核酸，都不知道做核酸是怎么回事，但是他爸爸妈妈说做核酸很难受，经常念叨，久而久之孩子就会认为"做核酸"是一件很让人害怕的事情，到了要他做的时候，就很难了，要么不去，要么去了也不做，哭哭闹闹。如果告诉他做核酸是个好玩的事情，是个看谁更快做完的游戏，他就会期待而不是排斥。所以，周边环境怎么定义一件事，很重要。

可见大人怎么描述学习这件事，会影响孩子的学习态度。我和乐乐玩的时候，我会说下面我们要玩一个数字游戏，或者说玩一个词语接龙游戏，不会说我们来学数学、学语文。总之，让孩子觉得所有的学习都是游戏，这样的引入方式会比感情交换好很多。凡是有压力的事，其实都是大人自己定义的，孩子玩游戏，满脸都是开心，没有压力。

不仅学习如此，生活中的一切困难都可以描述成游戏。电影《美丽人生》值得每位父母多刷几遍，这部电影首先讲述了圭多和多拉的传奇爱情故事，之后有了儿子乔舒亚，在乔舒亚五岁生日这天，纳粹分子抓走了圭多和乔舒亚父子，强行把他们送往惨无人道的犹太人集中营，圭多为了保护和照顾幼小的乔舒亚，哄骗儿子这是在玩一场游戏，遵守游戏规则的人最终能获得一辆真正的坦克回家。天真好奇的儿子对圭多的话信以为真，他真的很想要一辆坦克。在这场游戏里，乔舒亚强忍了饥饿、恐惧、寂寞和一切恶劣的环境，心灵没有受到任何伤害。电影的结尾，乔舒亚从铁柜里爬出来，站在院子里，一辆真的坦克隆隆地开到他的面前，下来一个美军士兵，将他抱上坦克。

引导孩子以学习为游戏，游戏带来快乐，快乐带来满足，满足带来新的动力，可以形成正向循环。这引导出了学习的乐趣，对孩子来说，一辈子都是快乐的。切记，不要逼孩子学习，逼迫带来反抗，反抗带来不满，不满导致学不好，逼得越紧越是学不好。如果都是逼迫学习，孩子未来十几年的学习都会是灾难。

第六，给大人的启发。

大人也是一样，我们的工作，如果不喜欢，就会难受，不想干，从而干不好。如果工作是自己感兴趣或者愿意投入的，就会更多地产生心流体验，怎么干都不累，越干越想干。

那些认为自己没有兴趣爱好的大人，可能有三方面的原因：

第一，成长环境不好。我们从小被逼迫着做了太多的事情，比如很多人十几年的学习就是被逼着学的，导致时间都被"被迫"的事情占据，因此没有时间来发展兴趣。为什么孩子有很多爱好，而人到中年却难以产生新的爱好？就是因为中年人的世界被逼的事情太多太多了。

第二，很多本可以变成兴趣的事情，浅尝辄止，没有深入了解或者没有找到价值感。比如我曾经问一个朋友，说如果有了一个亿想干什么？他说有很多事想尝试，比如画画、设计衣服等，我说你之前画过画吗？他说没有，只是看别人画画觉得很好玩，想去尝试。我说，那你现在并不是24小时都在工作，为什么不去尝试呢？

第三，没有获得持续的正反馈。邻居家有个孩子本来很喜欢弹钢琴，但是上了很多节课后，她妈妈突然发现她还不如刚弹不久的小朋友，于是着急了，一起上课的时候，经常说孩子怎么这么笨，这么简单的曲子都弹不好。说久了，孩子就自然而然弹不好了，扼杀一个孩子就这么简单。这和我们上班是一个道理，很多主管为了体现自己的权威，管理风格就是骂和训，久而久之员工得不到正反馈，自然工作也干不好了。你工作的兴趣，很可能就是这么被扼杀的。

怎么办？第一步，改变环境，选一个你想尝试的方向，加入和你志同道合的组织；第二步，相互报团取暖，互相鼓励，给予正反馈；第三，持续输出有价值的东西，给别人带来帮助，获得成就感；第四步，滚滚向前……

案例：我的写作心路历程

如何找到自己的"内势"，我想我可以分享一下，我找回写作的心路历程。

我喜欢上写作是从初中开始的，准确地说是从初二开始，因为受到一个老师的影响才入了门，随后我便进入科技公司成了一个搞技术的文艺青年，或者搞文艺的技术工程师。这些年我写作的兴趣和习惯一直没断，持续至今才有了这本书，才有了与读者结缘的契机。希望我这段经历，对你找回自己的兴趣有所帮助。

小学

我小学的前五年是在老家的张丰小学，我小学时学习几乎毫不费力，所有的暑假作业我基本都是小半天就做完了，然后可以疯玩一整个假期。我家卧室的整面墙上都贴满了我的奖状，后来一面墙贴不下了，就贴到房门上、堂屋的墙壁上。我除了四年级的期中考了个第四名外，基本上每年期中、期末都是第一名。这大概是因为我的确遗传了父母的优秀基因，他们虽然只有初、高中学历，但上学时成绩都不错，可能因为我爷爷奶奶、姥姥姥爷那一辈还意识不到读书的重要性，也可能因为家里贫困，缺少劳动力干活，所以他们都早早辍学回家务农了。很感激我父母，他们最终坚持让我和弟弟读上了大学。

但是，相比语文，小学时期我是更喜欢数学的，我觉得数学韵味无穷，而且解数学题以及解题的快慢更能体现我的聪明。

五年级下学期，镇里举办了一次大型选拔考试，要在我们夏场片区成立一个超常班，在全部的 9 个村里选出 20 个尖子生到夏场小学。由于考试是在镇里，老师还亲自骑摩托车带着我去，这也是我第一次坐摩托车，当时路过我家附近，正好碰到我妈去河边洗衣服，我妈还挺诧异。考试分两轮，第一轮我们村有两个人入围，第二轮就只有我一个了，最后 9 个村 20 个人，我们村只进了我一个。这时我才知道，原来村与村之间的教学水平是有差异的，另外一个牯水村一下子就进了 4 个，真是天外有天啊！

到了超常班以后，原来我引以为豪的成绩，渐渐平庸了起来，我只能偶尔考第一了，后来又只能偶尔数学考第一了。超常班的节奏超级快，我感觉短短几天就学完了五年级小半年的课程。那时我们村的数学进度是最慢的，当时的数学老师陶红海，为了照顾我的进度，拉着全班同学陪我再学一遍。很快我们就进入了奥林匹克数学竞赛的题海中，对语文的印象就更不深刻了，只是隐隐约约还记得语文老师张法学会给我们讲一些不在教材里的古文，如《明日歌》和《今日歌》。

初中

1997 年我进入初中，初一时候是三个快班，每个班七八十人。所谓快班，就是把小升初成绩好的一批人分到一起学习，成绩一般的则为普通班。一开始，我发现初中语文的课文怎么越来越长了，而且还需要课前阅读，后来班里来了一个教语文的实习女老师，才让我不那么讨厌读这么长的文字了，每当她要求谁站起来领读或者朗读的时候，我总是非常热情地举手。只可惜她一个月后就走了，不过大家以为我喜欢朗读，有朗读需要的时候总是推荐我，殊不知我的热情已减半。

到了初二，学校做了一些调整，原来三个快班经过再次考试，选出来一个只有 40 人的特快班，班主任朱显清老师，是这个班的语文老师，对我在文字上的影响也是最大的。当他在黑板上第一次板书的时候，我在想，天啊，字怎么可以写得这么好看，就像标准的楷书印在黑板上一样，当时就拿起笔学起来，可能就是那一刻，我开始喜欢写字了。

在朱老师的指导下，长课文好像也没那么讨厌了，也许某一次阅读中开窍，我突然明白写作文不是都需要名人名言的，不是规定好范式的，而是你真正想表达什么，说一个故事或者讲一个道理，真正有想说的话，才可以写好作文。后来我写出过几次优秀作文，朱老师都认为好，因为很多素材都是直接源于我小时候的生活。

再后来在金庸先生的熏陶下，我开始创作武侠小说。对我影响最大的是《天龙八部》，所以我写的武侠小说，必须要塑造出三个兄弟来，分别给他们制造磨难，在适当的时候结义，这样故事就会有很多可能性。于是我把一些我喜欢或者不喜欢的性格分别写进三兄弟的故事里去。后来快班的节奏过快，各种考试接踵而至，在学与玩中，我的小说手稿经常被传阅得不知所踪，武侠梦终究没有做成，但我却因此而爱上了写文字。

有人说，如果想知道你真正热爱的是什么、你的天赋是什么，就回到课堂里去，看看心不在课堂上的时候你在干什么，看看老师不让你干你偏要干的事是什么。我觉得很有道理，课堂上没有金钱的诱惑，没有太多外在的欲望，那时候你想做的事情，也许真是你的热爱。

当然人不是只有一个天赋的，比如我仍然很喜欢数学，数学的本质是逻辑思维，这对我以后做好管理类的工作发挥了很大的作用，逻辑思维不清晰就很难理清复杂的事物，虽然管理者的功能也可以不断分解、不断简化，但快速理清问题的本质，还是需要有一定天赋的。所以要多维度尝试，什么事情都做一做，找到更多的天赋与热情，组合在一起。

中考时，我们全校一共只有 19 个人考入了全市最好的天门中学，我有幸成为其中之一，当然也多亏语文成了我一个很大的加分项。

高中时我进入了学习生涯的最低谷，从高一开始，城里丰富的生活到处都在吸引我，从宿舍到教室路过的篮球场在吸引我，我的精力已经完全不在学习上了。虽然那时的班主任刘行功老师苦口婆心地劝诫我，说城里的孩子爱玩爱疯可以理解，你一个农村的孩子怎么还这么玩呢？然而青春期的我越来越叛逆，一直到高三，我才意识到好像要出问题了。

高中

高中时，我唯一还保持着的正当爱好就是看书。高中时，老师开始推荐我们看世界名著，于是我看了很多，在校门口的地摊上也买了一些，后来韩寒的《杯中窥人》火了，再后来郭敬明火了，我开始给《萌芽》杂志投稿，记得有一篇《一夜冬风》，灵感来源于班里一个男同学的单相思。

一腔文艺的热血总要有去处，我开始在校刊上发表文章，帮同学写情书，到了高二下学期我甚至还在写言情小说。高一时流行交笔友，很多同学给外地不认识的人写信。

高考填志愿时，我在想报什么学校和专业呢？那时父母已经给不了我任何意见了，一切都得靠自己做主。当时同学们都在计算机、电子信息工程、自动化等专业上选来选去，我却压根儿提不起兴趣，在招生指导书上翻来翻去，最终北京广播学院（2004 年更名为中国传媒大学）进入我的视野，而且有一个专业是新闻学，文理科都招，我想以后要能成为一名记者，还是不错的，总比研究枯燥的计算机要有趣多了吧。

大学

于是我幸运地考上了北京广播学院——2004年我入学那一年，北京广播学院改了名字，升级为中国传媒大学。但是我没有分到新闻学，而是调剂到了第五志愿通信工程系。就这样，我在文科的边缘溜达了一圈后，又回到了理工科。

大学的生活真是丰富，初步解决了经济压力之后，为了继续实现我的新闻理想，我参加了学校广播台记者、校报记者、学院记者团的面试，最后成了校报小记者、学院记者团小记者。大一那年我不仅采编了很多新闻，还开了博客，虽然都是记录的零星琐事，但也因此我的写作习惯一直没有丢。

大三时我开始担任信息工程学院的记者团团长，带着一个十多人的团队，主力成员包括毛飞飞、宋睿、王娟、徐峥月、闫向龙、高巍文、张殷、张少颖、吴斌等。我们做了很多事情，第一件大事就是创刊了《传媒工科生》报纸，将原来学院用A3纸打印的小报升级成了一份正式报纸，每期8个版面；第二，举办了全学院的征文摄影大赛；第三，联合文学院在全校范围内举办了新生征文大赛；第四，成为学院赞助最多的学生会团体，单中国移动动感地带就给我们一次性赞助了5000元……

这是我学生时代最快乐的时段，做着自己喜欢的事情，和一群有着共同爱好的人在一起，同时学校还给了我们很多荣誉，毕业时学校还把"北京市优秀毕业生"的荣誉授给了我。

工作

毕业后进入华为，前面几年我主要是出差做项目，全国各地几乎都跑遍了，南边去到了海南，北边去到了黑龙江黑河，东边去过上海，西边去过新疆的喀什和塔城，唯一还没去过的就剩西藏和澳门、台湾了，由于见到了各式各样的风土人情，我把这些都写进了我的文章，基本上保持着每年写一篇中篇小说的习惯，发表在华为的心声社区，并且还主动写了一些正能量的文章，投稿于《华为人报》。2011年《华为人报》的主编通过人力资源部找到我，问我有没有意愿加入《华为人报》，负责采编全球各地华为人的故事，由于当时我的项目还在如火如荼地进行中，主管刚刚还将我评为金牌员工，我遗憾地拒绝了。

再后来，坐上管理岗位，工作越来越忙，我的时间也越来越不属于自己，每天的日程都排得很满，没有大段的时间写小说，我又开始寄情于写诗，几年来我大概写了五六十首诗，有些就发在朋友圈。不能写文章，那就写写诗聊以自慰吧。

2021年离开华为时，我把我的诗文集整理成了一个小册子，取名《似水流年》，给非常敬重的几位主管送了过去，作为告别的礼物。这也许就是我与众不同的地方吧，我认为珍贵的东西，不是那些花钱买来的物件，而是一笔一笔写下的文字。

这就是我的写作心路历程，它让我找到了我的"内势"，希望可以启发到你，找到你真正喜欢的是什么。

案例：表演型人格的发展路径

我曾经和身边的小伙伴做过一些深入的探讨，通过问卷的形式，尝试给大家的未来一些更好的建议。有两个朋友的建议比较好，分享出来供读者参考。

第一个朋友，四川人，33岁，性格开朗，生活中是一个很好玩、很爱分享的人，也是第一个接受我问卷并予以回复的人。问卷及答复内容如下：

1. 一份MBTI测试结果：ESFP表演者型人格。

2. 一份HDBI测试结果：红色性格偏好。

3. 身边熟悉的两年以上的3-5位朋友的正面评价关键词：友善、敬业，一个工作认真、生活有趣的少年。

4. 如果你有很多很多钱不需要工作了，你想做什么？

去体验没有做过的事，比如服装制作、自己装修一套房子、和娃一起打游戏、下棋、读书、等娃长大了去不同的城市生活（半年以上那种），海边的小镇、草原的蒙古包等，做过的也有不少还想做，养猫猫狗狗、种花、研究传统美食、做烘焙、骑行、钓鱼等。

5. 做什么事情让你觉得开心？

工作上，能体现自我价值，比如做大项目技术总负责的时候、被同学同事认可和需要的时候。

生活上，和一群志同道合的好朋友做喜欢的事情，比如一起分享美食、一起旅行、一起爬山、一起打游戏等，还有自己打造一个花园，打理花花草草，养一堆宠物，做手工类的事情，如做个猫爬架、做个桌子、组装到货的家具等。

性格解读：

ESFP（表演者型人格）：外向、友善、包容。热爱生活，喜欢与别人共事。在工作上，讲究常识和实用性，注意现实情况，使工作富有趣味性。富有灵活性、即兴性，自然不做作，易接受新朋友和适应新环境。与别人一起学习新技能可以达到最佳的学习效果。

ESFP型的人乐意与人相处，有一种真正的生活热情。他们顽皮活泼，通过真诚和玩笑使别人感到事情有趣。脾气随和、适应性强、热情友好和慷慨大方。他们擅长交际，常常是别人的"注意中心"。他们热情而乐于合作地参加各种活动，而且通常能立刻应对几种活动。

同时，他是典型的四川人性格，乐观积极，喜欢沟通而且善于表达。这也符合红色性格的人生信条，那就是对快乐的无限追求。做事情的绝大多数动力，来源于快乐和对自由的向往。红色性格是热情和阳光的人，走到哪里，快乐的种子必定散布到哪里。

性格分析与发展建议：

这位朋友真是典型的表演者型性格，高中考前几名并不直接让他开心，而是考了前几名，周边同学的认可他才开心。只要和朋友在一起，做什么都能让他很开心，他会在朋友圈中寻找一种自我表现力，做一些能表现自己能力的有意思的事情，获得朋友认可，以此驱动他做更多更有意思的事情。

这样的人，天生需要聚光灯，享受与圈子里朋友打交道的感觉，离开了人群长时间独处，他会比较容易抑郁。

于是，我们建议他朝脱口秀演员方向发展，这个职业有属于自己的专属舞台，在聚光灯下表演，会激发表演者更大的热情，从而带动其对生活更大的热情，加上四川人乐观的心态，这样的正向飞轮会加速旋转。经过一段时间的积累，有一定的粉丝群体后，会更加支撑飞轮的稳固。

另外，脱口秀演员往往需要丰富的生活体验，这位朋友广泛的兴趣爱好，可以帮助他累积生活的厚度，无论是装修房子、异地生活、打理花草、骑行、钓鱼还是养宠物，一双善于发现生活乐趣的眼睛，总会为他带来各类新鲜的体验和素材。

工作中愿意全力以赴去获得周边认可的心态，也是支撑他正向飞轮的加分项。

当然，找到一个适合自己的定位只是第一步，如何找到自己的细分定位、如何整合自己过去的经历、如何把握观众的心理、如何让舞台响起来、如何打磨脱口秀内容、如何保持持续不断的输出等，这些问题，还需要耐心和时间去打磨。

另外，这位朋友工作多年，已经积累了一定的财富，包括房产，基本的生活保障没有问题，因此可以做一些新的尝试，走出一条真正能够让自己开心且又对社会有价值的路来。

案例：经理型人格的发展路径

第二个朋友，河南人，41岁，已经有了较好的财富积累，性格较为平和。对于我提的几个问题，这位朋友的答复如下：

1. 提供一份 MBTI 测试结果：ESTJ 总经理型人格。
2. 提供一份 HDBI 测试结果：蓝色偏好为主，辅以黄色偏好。
3. 身边熟悉的两年以上的 3-5 位朋友的正面评价关键词。

讲义气，实在。

4. 如果你有很多很多钱不需要工作了，你想做什么？

去没去过的地方旅游；干些和青少年足球相关的事；考足球教练证。

5. 做什么事情让你觉得开心？

现场看球，非电视直播；踢球，工作时经常自发组织业余足球活动，整个工作地的同事基本都知道。

喜欢科幻。

性格解读：

ESTJ（总经理型人格）：外倾、感觉、思考、判断。高效率地工作、自我负责、诚实，爱奉献、有尊严。他们的明确建议和指导被人看重，也愿意披荆斩棘，带领大家努力前行，会因为团结大家而骄傲，常常承担起社区组织者的角色，监督他人工作，对他人有较强的控制欲。能制定和遵守规则，多喜欢在制度健全、等级分明、比较稳定的企业工作。倾向于选择较为务实的业务，以有形产品为主；喜欢在工作中以态度取胜；不特别强调工作的行业或兴趣，多以职业角度看待工作。

蓝色性格特点：蓝色性格的人，动力源于对完美主义的追求。无论是对自己还是他人，其内心总是希望完美。强调制度、程序、规范、细节和流程，做事之前首先制订计划，且严格地按照计划去执行。喜欢探究及根据事实行事。尽忠职守，高度自律，喜欢用表格、数字来验证管理效果，注重承诺，一丝不苟。

性格分析与发展建议：

在讨论的过程中，我们居然花了很长时间讨论猪肉行业前景怎么样？为什么会讨论这个呢？是因为他有一个做猪肉销售的兄弟觉得很有前景，有意拉他一起创业。看得出来，他是一位很讲义气的朋友，对朋友也是爱屋及乌，希望支持朋友的事业。但是我建议，自己不懂的行业不要冲动冒进，支持朋友，还要看朋友投入这份事业的决心和能力，这是很复杂的事情，毕竟投钱不是个小事。

关于科幻，因为写这类题材需要很强的综合能力，需要常年坐下思考，对于不爱写作的人来说是个灾难。我们建议作为业余爱好，他也表示认同。

足球是他的真正爱好，加上总经理型性格，以及偏蓝黄色的性格偏好，我们建议他尝试去运营或参与运营一个或多个足球学校。可以尝试先认识一些足球场地、足球学校的老板，看看他们的经营情况如何，过程中会遇到怎样的问题，逐步积累这方面的资源和能力。

足球上，他喜欢踢后腰，踢后腰的选手一般都是有掌控感，喜欢团队协作，喜欢整个球队胜利，而像我这种喜欢踢前锋的，更多的是喜欢自己进球的喜悦。

当然，这个行业涉及面太广，政策如何支持，怎么玩，如何能赚到钱，还需要深入研究，包括资质问题、教练员问题、招生问题、场地问题、资金问题、比赛交流、文化打造、俱乐部管理、课程体系、资源整合、俱乐部发展规划、学校家长观念等。

因为对足球的热爱，即使在这个方向上不能挣到钱，他也会很快乐，同时会给家庭和身边的朋友带来更多的快乐，这些都是钱买不来的。

希望我的朋友，收获自己足球快乐的同时，也能为中国足球事业的发展发挥出特有的价值。

第六章　商业，是财富的通路

战略思维：我看华为的成功

最近30年，华为无疑是中国最伟大的企业之一，在不玩资本游戏、不炒房地产的前提下，在 ICT 领域持续投入，取得了年均20%以上的增长，2020年的销售收入达到8914亿元。有人说，华为的成功是因为任正非会分钱，有人说是以客户为中心的文化，有人说是销售人员的狼性，有人说是研发投入，有人说是艰苦奋斗……众说纷纭，当然成功一定是综合的因素，在我看来，任正非有一句话总结得很好：方向大致正确，组织充满活力。

方向和组织像是左右两条腿一样，缺一不可。如果没有大致正确的方向，组织就不知道走向哪里，组织再有活力也会迷失；有了正确的方向，如果没有组织的执行力，最终也会死在路上。

大致正确的方向，就是找到第二曲线

其实对我们个人来说也是一样，找到大致正确的方向，持续不断地朝这个方向努力，就能成功。这看起来像一句正确的废话，因为这里面有了"正确"两个字，所以怎么说好像都是对的，问题是到底怎么能找到大致正确的方向呢？我们或许可以从华为的成功中提炼出来。

我们可以思考一个问题，华为最开始只有运营商业务，直到 2012 年才有了企业 BG 和消费者 BG，短短几年，消费者 BG 的营收已经超越耕耘 30 多年的运营商 BG，成为第一业务。如果 2012 年没有成立企业 BG 和消费者 BG 呢？大家今天看到的华为，或许会是一家平庸的公司。

所以，找到第二曲线，是企业转型和持续生存的关键。没有一个产品、市场是可以终生持续的，如果没有找到第二曲线，就会注定平庸或者灭亡。寻找第二曲线，就是寻找大致正确的方向的过程。

2017 年华为云成立，2019 年华为发布智能计算战略、发布鸿蒙操作系统、成立智能汽车 BU，2021 年成立独立的数字能源公司……华为的第二曲线层出不穷，每一条曲线都意味着一个巨大的机会。

个人战略与企业战略一样，对个人来讲，一定要不断寻找自己的第二曲线。

华为找到第二曲线的方法论

如果你认为找到终端业务是一次偶然，那么找到如此多的第二曲线，还是偶然吗？这背后必定有管理层的高度智慧。我认为最关键的，就是华为把"找方向"变成专业化的工作，沉淀到了组织中，这就是华为的战略管理。

战略管理是个一级流程，是个不可以被授权的流程，这个流程所用的方法论叫作"BLM 业务领导力模型"。BLM 模型最主要的就是战略制定和战略执行，其中战略制定的过程就是找方向的过程。

战略制定的第一步：是市场洞察。什么是市场洞察呢？举个例子，我们去市场里赚钱，就像我们要出海捕鱼，当你刚开始面对大海的时候，你是茫然不知所措的，是派一艘航母还是小舟呢？应该带多大的渔网呢？这个时候就需要市场洞察了，市场洞察就相当于你先派一个直升机出去，看看哪里有鱼？鱼有多大？随着天气的变化和海水的流动，未来鱼群会游向哪里？海面上还有没有别的船？根据这些探测到的信息，再来做下一步的计划。当然，这也是为什么方向只能大致正确的根本原因，因为谁也没有办法准确地看清市场，只能看个大概。

第二步：是战略意图。直升机带回了信息，接下来就要考虑我们要去哪里打什么鱼。其实市场上有很多钱可以赚，比如路边开个便利店也可以赚钱，但是这个钱本质上是在给社会打工，赚的还是辛苦钱，市场上绝大多数企业都是这个性质，而有的企业愿意投入研发，有自己的核心竞争力，则能实现持续的盈利。这就是两种战略意图的区别，有人愿意放短线钓小鱼，有人愿意放长线钓大鱼。

华为向来的做法都是投入大量资金做研发，构筑技术竞争力，所以战略意图会看得很长远，通常要看3—5年。比如2019年智能汽车BU成立的时候，瞄准的是2025年以后的市场。

第三步：是创新焦点。除了眼前的第一曲线业务之外，既然未来要钓大鱼，就要造大船，创新焦点就是回答造哪些船的问题。比如发布计算战略，就是要建一条大船，鲲鹏、昇腾产品线的诞生就是瞄准了通用计算和智能计算两大算力市场。

企业的投入为了将来能够研发出人无我有的产品，对个人来说，就相当于要提升能力，在未来积累出人无我有的能力，如果想在职场中持续晋升，就要瞄准更高级别的岗位，对自己狠一点，积累好能力，在合适的时机乘势而上；如果想在未来获得财富的指数级提升，就要瞄准社会这个大市场，打造属于自己的产品，这不仅需要专业能力，还需要商业能力。

第四步：是业务设计。明确了去哪里捕鱼，明确了怎么造船，下一步就是具体怎么干，怎么去到那个有大鱼的地方？拿什么捕鱼的工具？捕什么样的鱼？在海里的活动范围是啥？怎么确保我们一定能捕到？以及有哪些捕鱼的风险和障碍需要管理？具体到企业的业务设计，就是要想清楚选择什么客户去服务？面对不同的客户我们提供哪些不同的价值？通过哪些产品或者解决方案来满足客户的需求？商业模式是什么？哪些活动我们自己做，哪些活动可以找合作伙伴？企业的核心战略控制点是什么？如何让客户对我们有持续的依赖？实现盈利过程中的风险和障碍有哪些？对我们个人来说，如果是在职场，就要想清楚你要为哪个客户服务？你的价值是什么？你需要具备什么样的能力来提供价值？你和周边同事需要构建什么样的竞争与合作关系，你所处的环境中有哪些风险会影响客户对你的评价？如果是面向整个社会提供产品或服务，那么你就要像一个企业家一样来考虑这些问题。

抓住心中的微光，积累到拐点出现

找方向的方法论我们学会了，具体怎么做呢？你要考虑的第一件事，就是你是否真的有想要去往人生巅峰的想法和勇气，如果你认为幸福就是做一个与世无争安静的人，那么你大可以一辈子在公司上班，做一个默默无闻的人。但是如果你想过不一样的人生，那么就必须找到属于你的第二曲线。

你似乎没有什么拿得出手的特长，甚至没有对什么事情产生过浓厚的兴趣，但是你要知道，任何一条第二曲线都不是一蹴而就的，比如华为终端并不是 2012 年才从零开始起步的，早在 2008 年我入职的时候，华为就已经做手机很长一段时间了，只是没有作为主要的战略方向而已，再比如华为的智能汽车 BU，虽然是 2019 年对外宣布成立的，但实际上从 2009 年起，华为就开始开发车载模块了，2013 年，华为的 2012 实验室就成立车联网业务部，不仅如此，2012 实验室存在的意义，就是研究面向未来 5—10 年以后的技术。

我一直讲，所有的成功，都离不开积累，积累一定是需要时间的，而每条曲线一开始都只有一点点微光。但是幸运的是，积累一定会有一个拐点。所以，只要抓住你内心中那一点点微光，做出一点点改变，随着时间的积累，属于你的拐点一定会出现。一个俯卧撑改变不了你的胸肌，但你只要开始，不用一个月就会发生变化，以后就会变成习惯，再不费力；一天写 1000 个字改变不了你的文笔，但只要你开始，一年就能写 36 万字，可以变成两三本书，你的思想也会因此升华，同时对写作也不会再感到费力。

舒适区在阻碍你

找第二曲线会给人很大的压力，因为第一曲线非常舒适，人的天性就是追求舒适，而第二曲线是要在舒适的基础上打破这个舒适，给自己制造麻烦。如果你真的想变得与众不同，就必须想办法走出舒适区。

走出舒适区的诀窍在于让改变慢慢发生，不好高骛远，一天只要有一点点改变就可以，因为能力的改变往往需要一年甚至几年的时间。比如你希望自己有在公共场所演讲的能力，那么你现在就要抓住每一次在小组里发言的机会，或者在家人和朋友面前练习演讲，尽管如此，你也无法指望在短短几个月就取得巨大的进步。你要明白你正走在自己设计的曲线上，正在走向那个拐点，在它到来之前，你无须着急。

另外，就是改变你所处的环境。如果身边的人每天都在寻求改变和进步，你就不会觉得那么难了，相反如果你每天只和几个平庸的同事相处，大家都不改变，你就很难有改变的动力，改变起来也会非常痛苦。

很多时候我们不行动，是因为行动之后看起来像个异类，或者害怕行动失败被嘲笑，因为在第二曲线上你是零基础的。这个时候，就需要你不要太把自己当回事，你的表现如何，你的成功与失败，其实没有那么多人在乎。所以，不要活在别人的眼睛里，因为别人的眼睛里没有你。如果真的遭受了挫折和失败，不妨和别人一起嘲笑自己，比如你开始跑步了，但没几天就坚持不了了，你笑一笑，发个朋友圈：果然，我也是凡夫俗子。然后默默地，再次开始。

不要害怕，只要走出了舒适区，你就会体会到很多新的乐趣，这些乐趣会带着你继续前进。

第一曲线与第二曲线的关系

首先，第二曲线并不意味着你这一生只能做这一件事，我们看华为每年都要做战略规划，每次做战略规划的时间，要持续半年，为什么要把战略规划变成一个例行化的工作呢？因为世界每天都是变化的，你也是在变化的，第二曲线随时可能会变成新的第一曲线，只有不断地适应变化才能更好地生存。所以，不要做一生的战略，而是要一生持续做战略。

第二，不要忽略第一曲线，第二曲线必然会来自第一曲线，因为你不可能凭空生出一个兴趣或者技能。第一曲线取得成功，是能给第二曲线注入信心和初始力量的。另外，成功并不难，因为成功是可以自己定义的，比如同样是考试，总分高当然是成功，语文分数高也是一种成功，作文分数高也是一种成功，文言文理解得好也是一种成功，不一定要追求那个总分最高，也不一定总分高将来才会有所作为，要多关注优势。所以，第一曲线是第二曲线的发源地，从第一曲线中找到自己的优势，是对第二曲线最大的帮助。

第三，要找到你的第二曲线，眼睛就必须望向前方，要以终为始地走好自己的路，这就意味着你要活在未来。但不管是第一曲线，还是第二曲线，想要走得好，每一条线都得脚踏实地，克服一个又一个困难，解决一个又一个问题。所以既要活在未来，也要活在当下。

产品思维：打造你的价值载体

我之前讲什么决定你的职场晋升，归根到底是你搞定事情的能力，所以你要把能力提升到无可替代，这样才能构筑起足够的价值壁垒。但是只要还在职场，你就还是要遵循职场的财富规则。能力提升到什么程度才算真正的无可替代呢？答案就是在不借助公司平台的情况下，能通过整合社会资源打造一款属于自己的产品。

我一直想用比较简单的语言讲清楚产品思维，因为一个人具备系统地做出一个产品的能力，是一种飞跃，能把一个普通人变成一个与众不同的人，否则懂再多道理也只是懂了而已，没办法真正实现价值最大化和财富的跃迁式提升，只有产品才能成为全世界为你付费的理由。

最近这几年我一直在做企业市场的服务产品开发，对华为开发产品的IPD流程非常熟悉。这套流程的语言相对复杂，华为内部各大体系在产品开发的语言上都经常对不齐，虽然基本逻辑都差不多，但是通过IPD感觉很难简单说清楚。我也看了市面上很多讲产品思维的书，仍然觉得太过复杂，直到在得到平台上学习了梁宁老师的《产品思维30讲》，才找到一个好的思路，结合我的亲身实践，希望能给读者带来一些醍醐灌顶的感觉。

产品与需求的关系

首先，我想引用梁宁老师讲的一个经典故事，是关于一个结婚教练帮助三十多位三十多岁的女生完成了配对结婚。传统的红娘在搭线的时候，一般都是根据男女双方的模糊需求做初步的匹配，比如家庭出身、年龄、学历、收入等，因为这些匹配的点不够系统，而且某一个点的影响容易被情绪放大，所以匹配成功率非常低。而这个结婚教练，就用了产品经理的思维，把需求和产品的维度做了系统切割，以相对完整地看清楚两个人的匹配成功率。

人和产品的五个层次：

第一层：感知层（表现层），就是你对一个产品或一个人的表层感知，比如人的外貌、口音、穿着；比如产品的外观、形状、感觉。

第二层：角色层（范围层），就是一个产品或者一个人比较显性化的社会特征，比如人的职业、角色；比如产品的显性功能。

第三层：资源层（结构层），从第三层开始就是冰山下的了，但这一层是冰山下比较浅的，花点时间就能搞清楚，比如一个人的财富、人脉、资源；比如一个产品的交互设计和信息架构。

第四层：能力圈（范围层），这一层就很难短时间看清楚了，比如一个人能做多大的事情，未来发展如何；比如一个产品的潜在功能。

第五层：存在感（战略层），这一层是一个人或一个产品的真正内核，比如决定一个人的能力圈，是他内心的渴望，还是他对什么感到不满；比如一个产品是为什么而设计的，产品背后的战略是什么。

比如抖音这个 App，它的表面很简单，功能就是为了满足你的视觉感受，但是它的交互设计和信息架构，决定了它背后的内容是十分丰富的，这个 App 未来能做多大的业务，取决于设计字节跳动对它的战略设计。

两个人是否能够匹配结婚，需要考虑未来长远相处的可能性，那么很大程度上要看第四层和第五层，当然五个层面的需求都能够适配，匹配度才最高。比如一个女孩，对男方的要求是潜力股，将来要很有钱，那么一个存在感是小富即安的男孩就无法匹配她。但是另一个女孩，她就是希望男孩围着她转，碰到一个存在感想让全世界都认可的男孩，那么也无法匹配。

我们在三毛与荷西的故事里看到了似乎最美的爱情，荷西的理想是有一座小小的房子，每天和爱人一起，日出而作，日落而息，每天他去工作，爱人在小房子里等他归来。而荷西的理想，正是三毛梦寐以求的。所以他们之间在存在感上有完美的匹配。

梁宁老师在她的课程彩蛋里提到了《纸牌屋》的女主角克莱尔，克莱尔有一个情人叫亚当，两个人拥抱着入睡，醒来后仍然依偎在床上继续聊天，这其实是很多女人梦寐以求的爱情。但是克莱尔却对亚当说："我只能偶尔爱你一周。"为什么会这样？因为克莱尔的需求不是一个亚当能满足的，亚当对她说："你一直想要万众瞩目。"克莱尔摇摇头说："不止，我要举足轻重。"所以对克莱尔来说，只有将对权力的渴求当作存在感的人，才能真正匹配她。

从这个故事，我们可以更加深刻地明白一个道理，就是需求与产品的匹配，就好像男人和女人的匹配一样。不同的用户对同一类产品，需求是不一样的，所以你要面向什么样的用户，满足他们哪一方面的需求，这是做产品首先要解决的问题。

需求与产品是一个硬币分不开的两面，当你要向世界推出你的产品的时候，首先要明确两个关键要素，即用户群体的刚性需求，用户在什么场景下需要你的产品。

我在开发产品的时候，最看重的就是需求评审，对于初始产品，往往聚焦用户最核心的需求。当你的产品上市之后，就会有越来越多的客户提出改进意见，这时候如何筛选需求、做好优先级排序就更重要了，你需要建立自己的原则。这个时候需要你放下自己的主观意见，真正站在客户的角度去排序。当然，客户经常无法准确描述需求，这就需要我们理解产品的五个层次的概念，深入理解客户的表达，然后根据自己的原则排序。

产品的灵魂

需求找到了，接下来要回答的问题，就是对比市面上已有的方案，你的差异化优势是什么？

比如你积累出的能力是种黄瓜，如果你的黄瓜和市面上的黄瓜没有任何区别，那么你的价值和这根黄瓜一样，本质上还是在为社会打工，只有做到独一无二，你的产品才有灵魂，你才真正对这个社会有独特的价值。如果你能种出比现有黄瓜营养价值高10倍的黄瓜，或者你能把黄瓜和西瓜嫁接变成一个新品种，都可以体现出你的独特价值。

也就是说，你必须把一个价值点做到极致，成为你的差异化优势。

全棉时代出现以前，市场上的纸巾基本都只提供简单的使用功能，但是全棉时代打了一张健康牌，从单一的纱布类医用敷料生产企业，发展成为以棉为核心原材料，覆盖医疗卫生、个人护理、家庭护理、母婴护理、家纺服饰等多领域的大健康领军企业。医疗背景和全棉理念使它的产品变得与众不同，这就是它的极致价值点，2019 年全棉时代市值已超过 100 亿元。

海底捞的差异化优势是极致的服务，一说大家就都知道了；再比如卖汽车，沃尔沃的差异化优势是极致的安全，奔驰是极致的舒适，宝马是极致的操控感。总之，差异化优势就是你的产品竞争力构筑点，让你的客户愿意持续为之买单的关键。

如果你想拥有一款属于自己的产品，专业能力是基础，但如果你想拥有一款有灵魂的产品，光有基本的专业能力是不够的，还需要你对产品的独特认识，要能找到一个价值点，既对用户有吸引力，并且以你的能力能做到最好，把这个价值点做到极致，就是产品的灵魂。

产品的灵魂，来自改变世界的想法。改变世界的想法，源于自我的创造力。

有一个问题是，自我的人和自律的人哪一种更贴近产品精神？梁宁老师给的答案是："做产品经理的人善于感知，在已有的结论上建立新观点，而做其他管理的人更善于逻辑推理和总结归纳。所以自我的人更适合做产品经理，因为创造力是自我的延伸，而控制力是自律的延伸。"

这个和性格测试里的红色性格比较像，我之前讲性格测试工具是用来提醒你的，而不是定位你的，所以我愿意把这句话描述成这样："当你想要做出改变世界的产品的时候，你需要变得更加自我。"

更加自我，意味着你要更在乎自己的感受，比如乔布斯对于美感和设计的极致要求，就是源于他内心的感受，因此才有了你看到的那个缺了口的苹果。

我为什么要通过哲学、通过对苏东坡和王安石的选择、通过内心的势能这些分析，来让你一定要做自己？就是这个道理，因为你是这个世界上独一无二的存在，只有尊重自己的感受，而不是完全屈从于别人制订的框架，你的独一无二才会显性化出来，才会有对这个世界最独特的价值。

产品的完整性与确定性

我见过一部分大公司的产品总监，他们在做软、硬件产品开发的时候，

90% 以上的精力都投入在功能的实现上，只把不到 10% 的精力投入在客户的端到端体验上，有时甚至忽略客户的感受，有的在评审需求的时候还一个劲儿地砍掉产品可服务性，他们追求的永远是产品尽快上市，所以功能实现变成最最紧要的事情，至于客户体验不好、可服务性好不好，后面再说吧。背后的原因，一方面源于很多产品总监产品开发经理出身，有思维惯性的局限；一方面收入和利润考核的压力逼迫着产品必须尽快上市，此外，大公司的品牌在客户界面有足够背书，但实际上这样做对客户感知却是一种消耗。

我很庆幸我在做产品开发的时候做的是服务产品，服务产品和软、硬件产品不一样，服务产品天然地要做端到端的闭环。开发一个服务产品，实际就是在绘制一张客户体验地图，写一个客户服务说明书，就是告知客户你将收到什么样的服务，遇到问题如何处理，你将在多长的 SLA 内获得响应和解决问题。而且，必须要拿到客户的签字验收报告或者服务满意度调查之后，服务产品才算真正闭环，才能确认收入。

梁宁老师说，她加入腾讯的时候，被震惊到的就是，这家以产品著称的公司，在内部沟通时没有人提产品，谁说产品谁外行。大家经常用的词是什么呢？服务。

所以，我想强调的是，不管将来你做什么样的产品，都要做端到端的用户体验闭环，包括售前、售中、售后的全过程，做好了才是一款完整的产品。事实上，任何产品本质上都是服务，产品只是服务客户的形式，就算客户购买的是黄瓜，你也只是在用黄瓜的形式服务客户，满足客户生存以及更高层面的需求。

另外，除了产品的完整性，还有一个关键点是产品的确定性，就是客户在购买你的产品时，每次体验一样，这样客户才有持续购买的可能性。很简单，比如 ATM 机，每次去取钱，卡插进去输入密码，就能取出钱来，如果 ATM 机的设计不确定，有时候能取出钱有时候取不出，你恐怕再也不会用它。滴滴专车，同样几种车型，水和纸巾是标配，如果每次打车都是随机的车型，你就不愿意为它付出比滴滴快车更高的价钱。连锁餐饮、连锁酒店等同样都是提供一种确定性，提高用户的二次消费率。

当然，想要真正做出属于你自己的产品，要学习的知识还有很多，无法在一篇文章中全部讲完，需要我们在创造产品的过程中不断学习、实践，产生困惑，再次学习、实践，再次产生困惑，不断迭代升级。

创新思维：唱反调、吹喇叭、拔高度

如果想要获得很多财富，就要给世界一个付你费的理由，这个理由就是有属于你自己的产品，而产品的灵魂源于你的创造力。

面对创造，我们总是感觉很难，这和我们所受的教育有很大关系，我们从小就被教育：听话就是好学生、要乖乖的、要遵守规定……从小到大我们被教的，都是同一类知识，大部分的知识都要求有标准答案，所以我们面对问题的时候，大脑会习惯性地去找一个答案，而不是去找很多答案。我们对于身边标新立异的人和事情，总是会投去异样的眼光，如果他像乔布斯一样成功了，我们又会投去羡慕的眼光。但其实，人与人不一样本就是人生底色，我们本不应该为这些不一样的行为感到惊奇。

我主张大家大胆想象自己以后一定会拥有一个亿，或者不要一直在这个世界里扮演 NPC，就是希望你把眼光换一换、把脑子换一换，只有变得和普通人不一样，你才会有创造力，才会在这个世界有存在感。

爱因斯坦就说过："想别人不敢想的，你已经成功了一半；做别人不敢做的，你就会成功另一半。"如果你相信这一点，就已经比普通人多了很多可能性，更可喜的是，你需要的创造力，是一种通过学习和训练可以获得的能力。

为什么创造力是可以通过训练获得的呢？我们从日本的诺贝尔奖数量上可以获得一些启发。2000 年以后的二十多年间，日本科学家或日裔科学家获得诺贝尔奖的有 20 人，但是自 1901—2000 年，一百年时间里，日本一共才获得 9 个诺贝尔奖。这背后的原因是什么呢？

我之前曾提到过日本的"国民收入倍增计划"，主要是说这个计划的负面作用，导致日本各行各业的工资水平都差不多，并且上下级也拉不开差距，所以年轻人失去了奋斗的意愿，选择躺平，甚至不愿意生孩子，出现了老龄化严重的问题。但是辩证地看，这个计划也使得大部分日本人有了良好的福利，国民收入提升后生存压力降低，从而激发了国民的创造性。我们国家目前正在去教育内卷，这项举措也是非常有利于创造力的提升的，我们的未来值得期待。

什么是创造力？

《创新思维训练与方法》一书对创造力给出了两个经典公式：

公式一：创造力 = 智力 + 创造性
公式二：创造性 = 创新精神 + 创新思维 + 创新方法

智力，就是认识世界的能力，想要改造世界，首先得能看懂，有感受。现代人很多都被打造成了机器人，对世界的感知能力很弱，本质上是智力缺乏的表现。所以梁宁老师说，自我的人更适合做产品经理。乔布斯、扎克伯格都是极其自我的人。回到哲学上就是要做自己，心外无物，不停地追问自己的本心对世界的感知是怎样的。

创新精神，是创造者与普通人最根本的区别。其实一切方法和技能都是可以习得的，唯一无法改变的就是一个人内心的想法，创新精神说的就是你想不想做别人没做过的事情。马斯克就是一个疯狂的创新者，尽管他30岁就已经有了3亿美元财富，但这在他眼里根本不算什么，他说："下一站，火星！"在马斯克之前，我们从来没听人讲过这个想法。马斯克也是普通人，他可以有伟大的梦想，你也可以。

创新思维，就是指发明或发现一种新方式用以处理某件事情或表达某种事物的思维。比如想发明一个苹果味的黄瓜，或者想要一个可折叠的汽车或者飞行器等，都是创新思维，总之和传统的思维不一样就好了。

创新方法，是指创新活动中带有普遍规律性的方法和技巧。方法之所以是方法，就是因为它是可以复制的，今天面临这个问题，这样做可以创新，那明天在另一个问题上，也可以这样做，这是创造力可以习得的关键。

如何提升你的创造力？

学会了上面的公式，那么提升创造力就很容易了。充分发挥智力、拥有创新精神、训练创新思维、学习创新方法，都能提升你的创造力。这一篇重点说说创新思维。我个人总结了几种强化你创新思维的方法：唱反调、吹喇叭、拔高度。在工作中面对问题的时候，如果你能经常使用，一定会让你的创造力变得不一样。

一、唱反调

什么是唱反调呢？就是不要和大多数人的意见一样，因为这个世界上90%以上的是普通人，真正敢于创新的人非常少，所以当大家都倾向于一种说法的时候，你就要警惕了。

大多数人的思维很容易形成定式，有几种可能性，第一是受权威的影响，权威一句话被你当作绝对真理，你就没有办法进步了，这也提醒你做主管时，不要随便发表观点，因为你在团队中就是权威，你说了，很多不同的观点就会被藏起来，大家会迎合你的思想；第二就是从众，大家都这么说，你再不这么说显得不合群啊，其实真正最好的声音往往都被埋没在乌合之众里，尤其是一个观点很容易一边倒地达成共识的时候，就是好观点被淹没的时候；第三是情感，因为你喜欢某个人，爱屋及乌，无论他说什么，你都认为是正确的，这就限制了你自己的思考，忽略了很多别的可能性。

唱反调容易使你不合群，但是在唱反调的过程中，会锻炼你的思维。不过但是你不能为了唱反调而唱反调，而是要真正从另外一个视角看原来的论调有什么不妥，或者给出新的逻辑合理的新论调。

唱反调也可以叫逆向思维，就是当别人都认为坏的时候，你能看到好的一面，当别人都认为好的时候，你能看到坏的一面。一个老板给我分享过他的公司起死回生的故事。他的主营业务是做数据中心运维，一开始大客户只有华为，但前几年华为的数据中心运维成本不停压缩，导致他不停地调整用工模式，同时被迫在华为的引导下引入智能化、数字化，但整体的利润空间却不断被压缩，正当他感到痛苦不堪，打算逃离的时候，他发现自己已经构建起了一个全新的数据中心智能化运维模式，低成本高安全，完全可以复制过来做其他企业数据中心的运维。思路一打开，他的数字化运维能力就得到了市场的认可，反而让公司转危为机了。

二、吹喇叭

吹喇叭，顾名思义是希望你把喇叭口扩大，遇到一个问题，先不管可行性，多想几种解决方案，再来考虑如何做决策。如果是团队作战，我们可以把这个方法叫作头脑风暴。

以前我在华为见过一个主管，只要和他开会，基本会变成人员批斗会，只要有人开口说话，他就说你的思路不对。久而久之，大家都不愿意在会上发表自己真实的观点，而是要揣摩他到底在想什么，这样说出来才有可能不被批斗。一个人的脑力再怎么强大，也毕竟是有限的，更何况每个聪明的大脑都会从别人的言语或事迹中吸收到新的观点，让自己的想法更加完美。禁止别人发言，是扼杀创造力的手段，就和我们培养孩子一样，一个孩子，说什么你都说他不对，久而久之他就不会有自己的想法了。

当你有主见的时候，尝试停下来，先听听别人怎么说；当你没有主见的时候，更要停卜来，听听别人的意见。一次头脑风暴成功的关键，是每个人都能自由畅谈，参加者不应该受任何条条框框限制，放松思想，让思维自由驰骋，从不同角度、不同层次、不同方位，大胆地展开想象，尽可能地标新立异、与众不同，提出独创性的想法。

在华为，管理团队开战略务虚会的时候，往往会离开会议室，特意找个茶馆或者湖边，总之就是与办公环境彻底不一样的地方，这样人的思维更有可能得到发散。

有些刚上任的主管，为了证明自己是有能力的，开会讨论总是急于发表观点，这样不仅不利于树立威望，同时对业务的正向发展不利。在一个寻找解决方案的会议上，应该尽可能多地追求新的点子，最好不要上来就带节奏，并且要延迟评判点子的可行性，先追求数量，扩大喇叭口。在头脑风暴后，再针对所有的想法进行分析、整理，通过选择、组合找出有价值的创造性设想，做好下一步的行动计划。

三、拔高度

大家都听过一个词，叫"降维打击"。在《三体》里面，一个叫歌者的高级文明，对地球进行了降维打击，就是强行将地球的三维空间打击成二维空间，主要方法就是使用二向箔让空间中粒子的相互作用方式降低一个维度，全部变成一个面上的物体，三维的物体无法在这二维的空间中正常活动。

这个词引申到现代社会，经常用来形容不同层面的商业竞争。其实降维打击很难实现，因为已有的维度很难改变，但是增加一个维度就比较容易，所以很多的"降维打击"，其实叫"升维打击"更加合适，就是脱离当前的竞争层面，把自己升级到一个更高的维度，对竞争对手进行降维打击。现实中也有很多案例，比如360杀毒软件通过免费击败其他杀毒软件，小米手机通过低价占领市场，所以降维打击其实并不复杂，只要在现有的竞争中至少增加1个维度就可以实现，比如360加入了广告生态，小米加入了小米生态圈，原来的维度变成免费，增加的维度成为主要竞争力，不仅甩开了竞争对手，而且能够创造更大的价值。

这给我们个人发展也有启示，为什么说我们的能力结构要从 T 型结构向 π 型结构演进，就是这个道理。你的专业能力在一个维度领先，再怎么也会有竞争对手，但是你在两个甚至三个专业能力上都做到头部，那么你在结合起来的新领域将无人能敌。

拔高度同时也是在提醒我们，要站在更高的视角看问题，这样就能更清楚地知道，你需要引入什么样的能力维度。比如你本来只有一个单品面向客户，但是用户买你这个单品是要服务于一整套解决方案的，如果你一直在单品层面与对手竞争，你就很可能被无限压价，最后变成打工者，但是如果你具备了整套解决方案的能力，你就可以变成压价方，通过解决方案的整合来实现溢价。只有更高的视角，才能看到你需要升级的维度。

最后，值得再次强调的是，凡是你看到的问题，都可能是创新的点，创新是永无止境的，最好的创新永远是下一个，所以一定要敢想敢干。

成功者大都是思维活跃、善于思考的人，希望你也能变得越来越有创意。

第三篇

如何构建终身成长的内心世界

第七章　改变自己，远离负面情绪

价值驱动：为什么人们会为钱疯狂

31岁遇到职场天花板，我苦苦思索着三条路：

第一，在华为寻找海外工作机会，几年后回国再谋求更好的晋升；

第二，离职到同行业的其他公司，寻找新的不需要海外经验的工作机会；

第三，不做出任何改变，选择一个在自己能力舒适区的岗位躺平到45岁离开。

一直在纠结该选哪一条路的时候，我其实一直忽略了一个选择，那就是我大可直接离开，然后什么都不做。因为过去十多年工作的积累，至少我可以保证基本的生活，可是为什么我就从来没想过"什么都不做"？

有一天我和一个老主管讨论到这件事，他说："因为你没有安全边界，你不知道多少钱是够的。"我又问他："好好算一算，如果不发生大的意外事件，我的钱是够花的，为什么我会没有安全边界？"他给我讲了一个故事，至今印象深刻："远古时候人类和动物生活在一起，当遇到凶猛动物的时候，人本能就会跑，如果你跑慢了，就会死，久而久之，人类不需要看到凶猛动物，只要看到人群在跑，就会本能地跟着跑。所以当大家都在往前赶的时候，你本能就会跑起来，即使你不知道到底会有什么危险。"

后来我在《为什么佛学是真的？》这本书里找到了答案。我们之所以会产生各种各样的情绪，比如焦虑、绝望、仇恨、贪婪，其实是源于"进化系统"对我们大脑的设计。不仅负面情绪是进化系统的设计，"快乐"的感觉也是进化系统的设计。

为什么人的快乐总是短暂的？因为一旦做一件事情之后快感不消退，我们就没有动力再去做这件事情，比如吃一顿饭就感觉永远饱了，那么人类将无法进化。有利于进化的行为我们就会快乐，得到快乐后很快又会感到空虚，正是这种空虚，让你继续追求快乐。所以，"快乐"其实是进化系统放在你大脑里的一个"锚"。

这就是人类进化系统植入给大脑的认知，如果没有认识到这一点，那就相当于你的大脑本身就处于一种被洗脑的状态。

我们为什么会追求财富，为之疯狂？

因为我们都被时代洗脑了。过去几十年的经济发展，大多数人都被洗脑了。人们之所以找工作，大多也是冲着钱，这里给的钱多，就去这里，那里钱多就去那里。钱成为每一个人为之努力的目标，我们的大脑被社会习气蒙上了一层纱，让我们以为世界就该如此，得不到钱就不满，得到了钱也停不下来。茶余饭后大家聊得最多的话题，就是做什么挣钱，哪家公司的工资高，谁最近炒股又赚钱了。

你是否以为古往今来，古今中外的人都是如此？事实上，不同的时代，不同的国家背景，植入在人们大脑中的"锚"是不一样的。

听说过一个故事，20世纪初，一个年轻的日本男人，在奔赴战场前对新婚妻子说："我多想和你一直在一起，一想到上战场，离开你我就很不舍。"而这个妻子，立马自杀了，临死前说："不能因为我影响了你投身国家的战争。"日本当局还对此事进行了报道，并且鼓励日本妇女效仿她的行为。这是不是比追求金钱更可怕？为什么会这样？就是因为当时的日本，盛行的是军国主义思想。军国主义思想是怎么盛行起来的？因为从明治维新到1942年，日本在一连串的征服战争中获得了胜利，获得了大量的利益，国民心中形成了一种根深蒂固的观念：战争就是正确的，是神圣的，日本一定会取得胜利。投身战争，为国建功立业，就是成功。日本统治者甚至改变了义务教育的内容，大力灌输法西斯主义和军国主义思想，上千万妇女加入鼓励家中男子积极参与战争的行为当中去。此时的日本，战争成为一个"锚"。

再看古代中国，为什么会出现范进中举的疯癫行为？因为隋唐以后实行科举制，一直持续到明清，有条件的人从小就被教育，只有通过科举考试，走上出仕之路才是成功的，因此范进一生致力于此，喜极而癫。科举成为一个"锚"。

而在春秋时期，为什么能够出孔子、老子、墨子等思想家，也是因为时代需要。春秋时期周天子名存实亡，各国诸侯寻求治理国家的理论，因此出现百家争鸣，而秦一统天下之后，直至汉，社会不再需要百家争鸣，于是废黜百家，独尊儒术，所以大一统的世界难以再成群结队地冒出伟大的思想家。

人类社会的各个统治阶级，正是利用了人类进化系统的设计，裹挟着人们朝着一个又一个时代的目标前进。如果去掉时代赋予我们的这个"锚"，我们心里还有没有自己追求的东西？

我并不是想否定你一直以来的价值观，而是想让你想一想，当你做一件事的时候，你是为了钱，还是为了什么而顺便得到了钱？

比如，同样是建筑工人，第一个认为他在砌墙，第二个认为他在盖房子，第三个认为他在为人类建造漂亮的家园。多年以后，第三个工人成了前两个工人的老板。当你赋予的工作意义不同时，你的所得也会不同；当你真正发自内心热爱一项事业，为人类文明添砖加瓦的时候，你获得的钱反而是更多的，而当你只想着以这份工作挣钱，你只能得到眼前的这些钱。

蔡志忠有句话说："99.99%的人都像在高速路上开车，生怕比别人开得慢，却不知道要去哪里。"大多数人都在挣钱，生怕比别人挣得少，却不知道挣钱是为了什么。

总听人说，欧洲人福利太好，失去了奋斗意识。青春年少时一直奋斗的我，也想不通这一点，人如果不奋斗，还有什么前途？后来我却想明白了，我们选择把时间花在挣钱上，而他们选择把时间花在自己喜爱的事情上，他们工作只是因为自己喜欢。我过去总是加班，想着再多做一些，再多做一些，现在更愿意慢一点，再慢一点，想好我到底在做什么？有没有朝着我心中的价值更加靠近？

我不反对挣钱，只是不希望满脑子只有钱。如果我们真的慢下来，找到自己热爱的，反而能轻松获得财富，所以我希望你换一个目标：价值。

请思考，你想要通过什么方式，给这个世界创造什么价值？

目标自律：盲目自律可能导致自我毁灭

曾经有同事说我，看你在工作中总是那么严格要求自己，所有输出的材料都是一个字一个字修改，也太自律了。可是也有朋友说，你看你工作这么劳累，太不注意身体了，你感冒就是因为每天睡觉太晚，这也太不自律了。

那到底我是自律还是不自律呢？

不知道大家有没有听过一句话："你的人生能到达的高度，取决于你有多自律。"

这句话，可能是正确的，但如果按照第二个朋友的理解来解读，恐怕虽然人生达到了一定的高度，好像过得仍很痛苦。有很多讲自律的书，作者不停地强调对自己进行精神和身体上的双重约束，还制定了守纪律的策略，克服弱点、拖延、恐惧的战术。然而我读这些书的时候却感到一种痛苦，为了自律而自律，反而让人望而生畏。

我相信每个人来到这个世界上都不是为了痛苦的，所以，不要痛苦的自律。

不仅不要，而且我认为痛苦的自律是很有坏处的。因为，这种自律，就是先否定自己，不接纳自己的问题，然后用道理和念头硬生生逼着自己改变，这对自己是一种压抑，得不到满足的欲望会转化成另外一种负面情绪，更可怕的是，如果硬加给你的道理最终没有说服你自己，导致自律失败，对自己失望的情绪又会加大你的不自信，导致你更加痛苦，形成恶性循环。

就比如你知道熬夜对身体不好，早睡早起身体好，硬逼着自己到点就睡觉，而实际你的精神又很活跃，这个时候就会适得其反，极大可能自律失败，睡不着然后拿起手机又玩一会儿，第二天精神涣散。最后责怪自己怎么这么没有自控力，再以偏概全地认为这辈子干不成什么大事。

很多道理，你要先听一听自己内心的声音，做独立判断，再考虑要不要行动。比如给你一本绝世武功秘籍，你打开一看，第一页写着"欲练此功，必先自宫"，你一定要先冷静一下，不要轻易自我毁灭。

到底应该怎么自律？

实际上我们自律，律的是什么？其实是你的注意力。就是让你的注意力，尽可能保持在你真正想要去做的事情上。

我们生活中的诱惑太多了，眼、耳、鼻、舌、身、意都是我们在世界上的触角，听到哪个地方有新闻赶紧去瞧一瞧，闻到了美味忍不住去尝一尝，打开视频软件电视剧让你追不停等，这些消费型快乐无时无刻不在吸引你，这样你会失去很多更好玩的体验。

我们来这个世间一趟，很像是来玩游戏的。人生这场游戏，有一些基本设定，首先就是所有玩家都有默认技能，包括眼、耳、鼻、舌、身、意，可以用这些技能来体验乐趣；其次就是所有玩家都有一个隐藏的升级打怪的任务，但当你来到这个世界的时候，你就忘了任务是什么。就是在这两个设定之下，我们开始了一生的游戏，绝大多数人，只用了第一个默认技能，因为眼、耳、鼻、古、身、意这些默认感官给我们的体验太诱人，以致大多数人根本就没发现隐藏任务。

自律，就是需要你把注意力从这些默认技能里拔出来，多放一些到发现隐藏任务和完成隐藏任务里去。

再举个例子，人过一生，其实就好比在游乐场里玩游戏。你走进一家游乐场，里面有很多游戏，第一个是旋转木马，你发现旋转木马好玩，就一直玩一直玩，直到耗尽你的全部精力，你都没有看见旁边的过山车、海盗船和激流勇进，最后，就只玩了旋转木马这一个游戏。旋转木马，就是你的眼、耳、鼻、舌、身、意。

自律，就是需要你从旋转木马上下来，多去体验一些新的更好玩的游戏。

佛家讲觉悟，觉悟是什么？简单理解就是睡醒了。每个没有找到隐藏任务的人，其实都是在沉睡。绝大多数人到死的那一刻才真正觉悟，临死前躺着一动不动，你的大脑就在回顾你的一生，这一生都干什么了？绝大多数人会发现，这一辈子没有一件事是自己主动去干的，所以说，自己从来就没有醒过，死前这一刻终于觉悟了，可是来不及了。

早一点觉悟，有了你自己发的愿，所有的苦便不再是苦，所有的累都不是累，所有的自律都是自我满足。

前一段看到一个关于谢霆锋的评论，说 80 后认为他是个歌手，90 后认为他是个演员，00 后认为他是个厨子。你看他干什么成什么，他是自律出来的吗？有了自己真正想做的事情，所谓的自律不自律，已经不重要了。

从现在开始，把你那些形式主义的自律都去掉吧，真正想一想你想要达成哪些目标，然后开启目标自律模式，成为你想成为的"谢霆锋"。

珍惜时间：世界很大，但与你无关

曾经见过一个朋友的手机，桌面上已经装了 5 满屏的 App，很多 App 的右上角几乎都闪着数字，朋友下意识地点开其中一个，然后跳到那个提示消息里去，把这个未读的消息点开，再点下一条，直到把 App 右上角的数字清零。朋友说，这一天天光点这些 App 都要点很久，其实也没什么用，就是看不惯数字在那里杵着。

我说这么多 App，你用得多吗？他滑了一屏又一屏，说有些就用过一次，后来从来没有打开过。我问他为什么不删掉呢？他说总觉得以后会用得着，就没删。

不知道有多少人是这样用手机的，很明显，这就是被 App 利用了你的人性，迫使你花更多的时间在它上面，从而它可以获得更多关注和收益。而很多朋友就这样被动接受了，而且长期忍受，甚至变成一种习惯以至于不认为这是个问题。

不知道你想过没有，我们被动地接受 App 来占用我们的注意力和时间，其实和我们平时生活中对待时间的态度是一样的。

你有没有被动地去开一个无关紧要的会？有没有被路边吵架的场景吸引而停下来驻足？有没有接到一个广告电话迫于礼貌和推销员聊到一分钟以

上？我们在对待时间的问题上太被动了。

为什么会这样？很简单，因为你的时间不重要，或者说，没那么重要。

为什么不重要？因为你没有目标，不知道自己想要什么。

但对我来讲，时间太重要了，每天除了工作、必要的生活，我需要读书、思考、写作，一点点时间都不想浪费，所以我会把一切能省的时间都省出来，以便做自己真正想做的事，哪怕是消费型快乐也好。

山下英子的《断舍离》一书有一个很好的观点："断舍离注重的不是物品，而是空间。"

这句话非常关键，不是物品而是空间；不是物品而是空间；不是物品而是空间。重要的话说三遍。

什么意思呢？一个房子的空间是有限的，房子里放多少东西合适，就规定只能放这么多东西，自然而然你就会知道什么该留什么该舍。

这个观点在时间维度上更好理解。你的一天只有 24 小时，拥有的时间是固定的，在里面填什么东西对你来说最重要，你就只填那些东西。

断舍离，放在时间这件事情上，注重的不是事情而是时间，不是事情而是时间，不是事情而是时间。怎么理解？事情来了，看这个事有没有意义，有意义就去做，这是从事情出发的判断逻辑；事情来了，看有没有时间，虽然有意义，但是已经排了更有意义的事情，就不做，或者换个时间做，或者压缩时间做，这是从时间出发的判断逻辑。

很多人都是事情来了"不得不处理"，这样被动地用时间，很少主动去安排和掌控时间。

不做时间的主人，就会成为事情的奴隶。

如果你房间的空间已经满了，你每买一样东西前，都要想一想，要把哪一样舍掉；如果你的时间排满了，一个新的事情进来，就要想把哪一件事情舍掉。

比如突然来了一个电话，一看是陌生号码，我们一般想的是来了电话得接啊。有个会议通知发你了，不管这个会和你有没有关系，想着接进去先听一下吧。路边遇到一个车祸，很多人围观，想着我也赶紧去看一下吧。

所以，趁早把所有的 App 的通知、提醒功能全部关掉吧；趁早把那些一年也用不到两次的 App 卸载掉吧。

要知道，世界很大，但与你无关。

当你有一天，有了自己的目标，为了达成这个目标，又有很强的愿力，这个时候一切时间都会自然而然为目标让路。当然满足基本生理需求的吃饭睡觉时间、适当的消费型快乐的时间还是必要的，那些"莫名其妙凑热闹""操碎了别人的心肝""免费为他人做嫁衣"的时间则要尽可能减少。

创业思维就是"用你的时间，换来你的能力资产增加"。而你的"能力资产增加"如此重要，所以，你的时间比任何东西都重要。

你控制不了时间的流逝，唯一能控制的，是你的注意力。

因此，请把你的注意力都花在你喜欢做的事情上，而不是省钱上。

也不要花在和你无关的事情上，比如大街上一大堆人围观某些事，你就恨不得凑过去搞明白到底发生了啥，莫名其妙凑热闹；看到别人炒股赚了钱，去研究根本你就搞不懂的炒股，心急火燎地随大流。还有，一聊天就突然聊到东方与西方的政治哪个更好，哪个门派的哲学思想更高明……真是操碎了心。

把时间省出来，做爱做的事，爱想爱的人。

观众思维：怎么轻松化解负面情绪

有一天，你走在路上，有人撞了你一下，然后又把你骂了一顿，你这个时候就会非常生气，愤怒的情绪立马就上来了，要么去讲理，要么骂回去，要么打回去。

结果，对方更加不讲理，对你的反应给予更加激烈的对抗，最后争吵拉扯一个小时，在路人的劝解中不欢而散。你回去之后再把这个事情气愤地讲给身边的人听，又花去一两个小时，晚上睡觉也睡不好，心想怎么这么倒霉遇到这么个人。

你看，负面情绪就是这么来的。

我们认为，有人撞了我，应该他向我道歉，但他不仅不向我道歉，还骂我，太难接受了。所以，我们生气了。最后的结果是我们因为这一桩小事影响了好几个小时的心情，耽误了好几个小时的生命。

你可能会认为，受了欺负理所当然要反击，人活着就要有骨气。如果不对影响我们心情的事情给予还击，那以后再遇到类似的事情，岂不是还要再受欺负？可事实上，即便你对这个人给予了还击，下一次你还会遇到另外一个人，他没有感受过你的愤怒，当然也就很可能照样攻击你。而更加明显的是，你通过愤怒来表达情绪，对方并没有因此收敛，而是变本加厉。

核心的问题是，我们到底想为了什么活着？如果我们为了自己的快乐、幸福和生命质量，不想让这些负面情绪占据我们的时间，我们应该怎样去面对发生在我们身上的种种奇葩事情呢？

我们为什么会生气、愤怒？

解决问题必须先搞清楚根本原因，既然不想因为生气、愤怒影响生活，那么就要先搞清楚我们生气愤怒的根本原因。

从上面的案例中，我们很容易把这个事情归因为"撞我们的人不应该撞我"，因为他不撞我我就不会生气，这个答案貌似成立，但如果我们这样归因，我们就只能改变"撞我们的人"才能解决问题。

这就好像我们做企业，分析业绩为什么不好？因为竞争对手太强，好像答案也很成立，但是怎么办？即使你用非法手段干掉一个竞争对手，还会有新的竞争对手出现。

分析原因，最后都要归到我们自己能改变的事情上面，比如把"竞争对手太强了"改成"我们没有构筑足够好的护城河来阻止对手进攻"。就像华为面对美国的打压，没有归因为美国不该打压，而是认为自己没有构筑起足够的机制来应对，于是很快把精力都聚焦到自己能做的事情上，包括迅速推出鸿蒙、欧拉等，所以任正非会说，没有退路就是胜利之路，因为当别人不给你枪炮的时候，你只能自己研究清楚如何造枪造炮，这样你就会变得更厉害。当你没有任何资源可以依赖，一切都必须自己创造的时候，只要你不自我放弃，迟早会练就一身扎实的本领。

回到情绪这个问题，情绪是什么？情绪是指伴随着认知和意识产生的对外界事物的态度，也就是说，情绪产生有两个步骤，一个是"外界事物"发生，一个是我们大脑里的"认知和意识过程"，"外界事物"发生是我们无法改变的，因为"撞我们的人"也就是惹我们生气的人，几乎每天都在出现，我们能改变的只有"认知和意识的过程"。

"有人撞了我，应该他向我道歉""有人撞了我，不应该再骂我"，这都是我们"生气"的情绪背后的潜台词。所以我们生气的根因是什么？是我们的认知里面有一个固化的思维：你总是天真地以为，世界就该以你以为的方式运转。

但是你有你的想法，世界另有安排。要知道，大千世界，无奇不有。只要你有这个执念，你就永远逃离不了生气与痛苦。

怎么化解负面情绪？

找到了根本原因，就找到了解决办法。既然知道根因是我们大脑里的固化思维，那么解决办法就是去掉这个固化思维。

进一步问一下，我们为什么会有这个固化思维？答案很简单，因为认知度不够高。举个简单的例子，小学的时候我们会认为 1—2 不够减，减式不应该这么写，但到了初中就知道了，原来还有负数。如果你只有小学的认知，你就会对这个"错误的减式"感到困惑、不满或生气。

为什么越是牛的人，心态越平和，很简单，因为他见得多了，对这个世界有足够的认知。你想想如果对于你来说，别人撞你就是生活中一件稀松平常的事，就像天有风霜雨雪、月有阴晴圆缺一样，还有什么值得大动肝火的呢？

当发生一件事，在你的固化思维里很难理解的时候，你不应该用生气来回应，而是应该迅速反应过来，这个场景我还没见过，进而提升认知：原来世界还可以这样。

回过头，看看那个撞你骂你的人，你还生气吗？你不生气了，你笑一笑，心里说："哇，还可以这样？"还真说对了，这世界上还真是无奇不有。

只要知道这个世界上任何事情都可能发生，任何发生了的事情都是合理的，只是你没有见过，那么你就不会有负面的情绪，而是惊喜。

我们对这个世界有过高的期望，才会常常失望。去掉这些过高的期望，接受这个世界的一切可能，你会发现，每一天都是各种惊喜，每一场意外都是新的表演。

我给这个解决方案起一个名字：观众思维

为什么叫"观众思维"？你去电影院看电影的时候，如果这个电影所有的画面都是你见过的，所有的情节都在你的预料之中，你会觉得电影好看吗？如果大家都觉得好看，那么电影院一定每天上映老电影，而不会抢着上新电影了，所以你去电影院就是为了看那些超出你认知的情节，去体验那种"哇，还可以这样"的感觉的。

既然在电影院我们看到离奇的情节是这样的情绪，那么我们就可以把它移植到生活中来。我之前讲过，我们这个世界本来就是一场游戏，每个人都是来玩游戏的，那么你在玩游戏的过程中，看见其他玩家的玩法很离奇，你大可以也说"哇，还可以这样玩"？

比如，在工作中，你带着美美的心情走进办公室，主管莫名其妙地把你骂了一顿，你感到很委屈，负面情绪马上就要来了……你迅速反应过来：哇，还可以这样？主管表演得真不错，又让我见识到了。

在生活中，你的小孩刚刚在餐桌上把饭碗打碎，一下饭桌又把你新买的玩具弄坏了，还哭着要你买新的，你怒火中烧，气不打一处来……你迅速反应过来：哇，还可以这样？儿子你演得真不错，又让我见识到了。

你看，"撞我们的人""骂我们的人""给我们添麻烦的人"，他们根本就不是坏人啊，他们就是你世界里的演员啊，都是来给你表演的。你不仅不要骂回去，还要谢谢他们，让你见证了奇迹。

既要有方法，又不要执着于方法

当然，观众思维不是让你对所有事情一笑了之，而仅仅是让你把负面情绪化解掉，不因为负面情绪影响你和你身边人的生活，然后，该干啥干啥。我用佛法来解释一下这个问题。

众生皆苦，于是有了佛法。佛法是用来帮你度过内心苦难的，其实就相当于当你想要过河的时候，佛家给了你一艘船，河就是苦，船就是佛法，但是，你过了河，没必要把船背走。所以，"观众思维"就是帮你度过负面情绪的一艘船，度过了就不要背走了，你不要一直在电影院坐着当观众，该干啥继续去干，想做啥继续去做。如果又碰到了负面情绪，怎么办？再用观众思维化解掉，化解完了继续该干啥干啥。

不管是佛法、观众思维、加法、乘法，包括你学到的其他心理学、管理学、经济学等各种学科教给你的各种方法，你要知道，任何方法都是用来解决问题的，解决了问题，方法就该放下了，就不要再陷入方法里拔不出来。

万物皆空，是因为你有执迷、有痛苦，当你悟明白了不再执迷痛苦了，就不要继续陷入万物皆空了，所以还有一层境界是"法空"，就是告诉大家，"万物皆空"只是方法，既然是方法，那么它也是万物之一，它也是空的。这就是"既不着于有，也不着于无"，着于有，就是着实相了，着于无，就是着空相了，空相，也是相，总体来说就是不要"着相"。

"诸法非空非有，亦空亦有，不落二边，圆融无碍，叫作中道实相。"什么叫"非空非有，亦空亦有"，就是说万物皆空、万法皆空，空是万物之一，空也是空，"空"和"有"没有区别，所以不要纠结到两边，而要走中间态，就是"中道"，走了中间态，就能圆融无碍。这就可以理解六祖慧能悟道的那句话了："因无所住而生其心。"

最后，希望你真正学会用"观众思维"化解那些负面情绪，这样你的世界里会充满着各种各样的好故事，会因为好电影好演员而收获很多意外的惊喜；当你负面情绪减少，真正能把大量的时间花在想去做的那些事情上面，你又会因为自己的创造收获满满的幸福。

放下焦虑：用高维视角摆脱精神内耗

有一段时间，我在繁杂的工作中焦虑到无法静下心来，最后索性学胡适打麻将去了。虽然明知道活在当下才是人生幸福的真谛，但是要真正做到，真的太难了。当事情太多、进展缓慢、时间不够的时候，焦虑和痛苦时常来袭，与其在情绪中挣扎，不如换种方式，认认真真娱乐，也许灵感和火花都会在娱乐中产生。这是我上次刷娱乐视频，刷到周杰伦歌曲时候的感受。我一开始怎么也没想到，最后是周杰伦的声音带给了我 5000 字的内容。

一张一弛，这是对抗短期焦虑的方法。如何真正让自己长期不焦虑，可以就像许嵩的歌词里唱的那样"东瓶西镜放"。获得持续的平静，我认为最关键的还是要有一个高维视角。

什么叫高维视角呢？就是站在高处看清楚事物的本质发展规律，再回过头来和自己对话，指导自己该干什么。这就像给行驶在路上的车开了一个天眼，天眼清楚所有的地图，在车子迷路、慌张、失控的时候，可以用高维的智慧来指挥它。

首先，看清焦虑本质的高维视角。

《认知觉醒》这本书里提到：焦虑的本质，是同时想做很多事，又想立即看到结果。为什么会这样？因为人类的本性有两个，一是急于求成，一是趋易避难。

这两个天性，并不是只有负面影响，相反，正是因为急于求成，我们才能想很多办法快速解决问题，正是因为趋易避难，我们才会充满智慧地解决问题，从而进化出发达的大脑。

但同时这两个天性会让人过度焦虑。适度的焦虑并不是坏事，会激发人的创造力，过度焦虑却让人无所适从，陷入情绪陷阱。

王小波说："人类所有的痛苦，都是对自己无能的愤怒。"巴菲特说："没有人愿意慢慢变富，而人又无法快速变富，所以痛苦焦虑。"

人为什么喜欢打游戏？因为游戏就是抓住了人的天性，不断给你即时满足，你就会陷入其中。人为什么喜欢追电视剧？因为电视剧里的情节发展会很快，几天的故事可能一分钟就演完了，好的电视剧没有一秒钟是用来浪费的，一旦情节与故事无关，不能及时满足我们的情感需求，我们就会认为这不是一个好的电视剧。

人们喜欢金庸的武侠剧，剧里主角的武功都来得超级容易，张无忌练乾坤大挪移，郭靖练降龙十八掌，都是一会会儿就练完了。然而，真实世界不是这样的，任何技能的习得，都需要大量的学习和训练，没有任何捷径可以走。

明白了这个道理，知道了焦虑的原理，清楚了情绪的来源，就可以和那个正在焦虑的自己对话：我知道你很想把事情做好，也知道你很想快速解决问题，但光着急是没有用的，只有真正投入时间找到把事情做好的办法，然后花大量时间去执行，才可以。

第二，看清楚财富本质的高维视角。

财富的本质，是价值创造，你能对这个世界提供多大的价值，就能获得多大的回报。也就是说你必须要积累出足够的资源和能力，向社会上尽可能多的人提供尽可能大的价值，你就能很有钱。

很多人想变得有钱，但是具体要变得多有钱，具体的数字是多少，他们却从来没有问过自己。事实上，不同大小的钱，想要达到的路径是不一样的。

如果你现在一个月工资一万，但你想每个月拿到十万，就必须让自己值十万，你可以在市面上找找哪些人值十万元，然后对标他们，让自己变得和他们一样，搞定他们能搞定的事情，如果找不到这样的人，可以在求职网站上去找对应的岗位，按照薪酬筛选即可，看看这些岗位需要的经验与能力，然后用几年的时间查漏补缺，把自己变成那样的人。

事实上，找到年薪百万的工作，并非是一件不现实的事情，因为求职网站上有非常多这样的岗位，这就意味着有很多人已经拿着年薪百万的工资。

如果你想要一年挣一个亿，可能求职网站上就找不到了，你需要拥有一家公司，整合人力杠杆、资本杠杆来帮你实现。

不管怎样，你现在年薪十万，想要走到年薪百万、年薪一个亿，都需要你先变得更有价值。当然，只要你肯进步，那么你的能力成长必定是一条逐渐向上的曲线。

这和锻炼身体是一个道理，隔壁邻居虽然一身腱子肉，但你的肌肉增长也是一条逐渐向上的曲线，你不可能一天就长出那么多肌肉，只是暂时没有达到而已。你看到有人能每天跑五公里，而你跑一公里就累得不行，你要知道只要你坚持跑，你的持续跑量也是一条逐步向上增长的曲线，坚持半年，你也可以每天五公里。你不是跑不到，你只是还没有到达曲线上的那个点而已。

当然你要给自己的目标排好序，时间有限，你只能选择有限的目标，所以你要明确一段时间内到底什么对你来说是最重要的，然后把时间投入进去。

既然成长是一条曲线，就意味着都需要时间去实现，所以先搞清楚自己的目标，然后画出一条曲线，标出自己所在的位置，就可以和自己对话了：我总有一天会很成功的，只是现在还在能力积累的关键阶段，马云曾经也只是一个平凡的英语老师。想清楚属于自己的那条路，一步一步去走就好了。

第三，看清楚商业本质的高维视角。

商业的本质是价值交换。刘润老师说："劳动创造财富，交换激励创造。"没错，商业永远在向前发展，永远会有更加高效的连接手段促进价值的交换。

有朋友说，眼看着短视频是现在的风口，很多人在短视频创业，利用短视频的流量挣钱，但是短视频已经火了好多年了，现在进去貌似赶不上最早一波红利了，而且自己也没有准备好，感觉很焦虑，如果能看清楚下一个风口，我就提早准备好再进去，吃下一波红利。

我们先来看一个问题，在短视频之前，阿里、腾讯、百度、京东等互联网企业已经牢牢锁定了互联网的几把头等交椅，为什么字节跳动还能够快速爆发？

1998 年阿里横空出世，随后几十年一直保持着飞速增长，马云也曾因此登顶中国首富。雷军说马云没有他勤奋，也没有他聪明，雷军还说："站在风口上，猪都能飞起来。"那雷军说的风口到底是怎么刮起来的？换个问题，也就是互联网为什么能够崛起？

答案是第三次工业革命，也就是信息技术革命带来的红利。IT 技术的发展，不仅带来了生产效率的飞速提升，同时也带来了交易效率的快速提升。互联网在其中扮演的角色就是一个超级中心节点，人、信息、产品在互联网上高效连接，极大地降低了交易成本，因此能够带来巨大的收益。

我们再往前回溯，第二次工业革命，也就是电气革命时代，电力技术和石油工业的发展，一方面促进了内燃机的诞生，指数倍地提高了生产效率，同时汽车、飞机、轮船的诞生又加快了交易，这个时候的中心节点是交通枢纽城市，香港、上海等海边城市则是超级中心节点。

第一次工业革命，也就是蒸汽机时代，蒸汽机技术提高了人们的作业效率，同时推动了火车的发展。为什么东北会成为老工业基地？就是因为抗日战争时期建立起了中国最发达的铁路网络，同时也建立了很多工矿企业，新中国成立后，苏联首批援建的工业项目，大部分建设在东北地区。

看懂了过去，我们再来看短视频的爆发，就很清楚了，一定是因为有新的技术革命出现，使得生产效率和交易效率进一步提升。不错，答案是短视频加入了人工智能算法，通过大数据分析进一步提升连接效率。

以前我们在互联网上获取信息，都是统一的内容，所有人看到的信息是一样的，但每个人的兴趣和关注点并不相同，因此今日头条的广告才说："你关注的，才是头条。"从商业的角度讲，是进一步降低了交易的搜寻成本。人工智能算法推出后，各个互联网公司纷纷跟进，2019 年 618 期间，某直播带货红人带动总成交额超 5 亿元，其 2019 年上半年淘宝直播总交易额超 130 亿，她一个人的引导成交量几乎已经抵得上一个垂直电商平台一年的 GMV 了，这就是交易效率提升的价值。

如果把短视频看作人工智能时代或者说数据时代的风口，那么下一个风口，就是更多新的技术革命带来的化学反应，比如在终端加入脑机技术、在视觉端加入 VR/AR 甚至全息投影技术、显示端变成无屏显示、带有情绪的机器人等。另外，区块链、分布式计算等新技术也在逐步去中心化，万物互联的场景下，是否会有新的大的平台型企业出现？一定有。

但是，我认为，无论下一个风口是什么，都不应该成为我们关心的重点。

我们还是回到历史里看，蒸汽机时代的火车，电气时代的汽车、轮船、飞机，现在都已退去当时的光彩，成为交通行业的一项基础设施。

信息技术时代，昔日从无到有快速发展的运营商，如今国家的定位也非常明确：为落实国家有关加快建设高速宽带网络促进提速降费的有关要求，壮大信息消费。三大运营商（中国电信、中国移动、中国联通）2015 年 5 月 15 日宣布提速降费具体方案。也就意味着运营商成为基础设施。

同属于信息技术的互联网呢？可以想象，经过多轮治理，它的未来一定是：基础设施。

基础设施，就意味着会有一定的利润，但绝对不再会有红利。

短视频的未来会如何呢？短视频之后的下一个风口，又会如何呢？

通过分析技术革命的发展，我们已经知道，无论多么先进的技术，最终都会沉淀为我们的基础设施，而无论什么样的基础设施，都是为了让创造更有效率，让交易更加高效。

现在，只靠主播一张脸，就足以撑起一个上市公司的收入。这有可能颠覆了某些人的价值观，但就像人工智能会导致很多人失业一样，人工智能也会将一些有价值的个人推上顶峰，底层的原因都是技术的发展。技术发展本来就是在质疑声中滚滚向前，例如集装箱的出现，早期也遭到了码头工人的极力反对；直到今天，依然有人认为互联网摧毁了中国的实体经济。

历史的车轮滚滚向前，看不清趋势的固守利益者，他们的愤怒，会被时代静音。

人工智能时代，每个能创造价值的人，都能通过算法快速找到有需求的人，并且快速达成交易。未来还会更快！

风口一个接一个，你看着那些做淘宝的、做互联网电商的、做跨境贸易的，来来去去挣得盆满钵满，你看着短视频又带火了一批主播，你看着元宇宙的概念又来了。很多人告诉你，不要埋头干活，要抓住风口，要做风口上的猪，但是我们绝大多数人，远远不具备抓住风口的能力。所以，与其临渊羡鱼，不如退而结网。

也有人说，你因为上了华为这艘大船，才会有今天的成绩，这不相当于就是风口的力量吗？可是，你要知道，华为来来去去几十万人，多少人离开华为后发现自己对社会的价值微乎其微，为什么很多人离开之前想要熬到45岁，生怕被淘汰？

风口的风不停地吹，在你没有准备好之前，你永远赶不上。

所以，停止焦虑，冷静下来，还是要问自己：在那个交易越来越高效的时代里，到底要创造什么？技术的发展，怎么更高效地创造、更快速地交易？

第四，看清楚人生本质的高维视角。

人生的本质是一场体验，唯有自己的感受最重要。为什么这么讲？从高维视角看人生，其实很简单，就是每个人终将死去。所有焦虑、抑郁、难过、悲伤等情绪在你生命的长河里毫无意义，因为从长远来看，人生本来就毫无意义。

苏东坡在《赤壁赋》中说："此非孟德之困于周郎者乎？方其破荆州，下江陵，顺流而东也，舳舻千里，旌旗蔽空，酾酒临江，横槊赋诗，固一世之雄也，而今安在哉？"也就是说，不管过去多么豪气的英雄、多么宏大的场面，待后人回看时，已经什么都没有了。

所以白居易在《自咏》中说："百年随手过，万事转头空。"苏东坡在《西江月·平山堂》悼念欧阳修时，又升华说："休言万事转头空，未转头时皆梦。"不仅百年后一切都成一场空，当下的时光本就是梦幻，因为下一秒时，上一秒的生活就已经过去了。从这个角度讲，你还有什么好焦虑的？发生再大的事情，你都可以问，这件事影响生死吗？如果不影响，你就可以淡定下来，把焦虑的情绪放到一边，该干什么干什么。

人生，就像山的存在、水的存在一样，都只是一种存在，山有什么意义？它就在那里立着，不是为了给人看，也不是为了植物生长。它没有一个本来的目的。水又有什么意义？它不是为了让人喝，也不是为了让鱼虾生活。自然规律是没有想法的，它并不关心植物能否生长、鱼虾能否生活，因为天地不仁，以万物为刍狗，某些物种灭绝了，自然规律不会动任何感情，就像未来的某一天，人类灭绝，自然也不会动任何感情。

但人生并非虚无，苏东坡在《赤壁赋》里给出了答案："盖将自其变者而观之，则天地曾不能以一瞬；自其不变者而观之，则物与我皆无尽也，而又何羡乎！且夫天地之间，物各有主，苟非吾之所有，虽一毫而莫取。唯江上之清风，与山间之明月，耳得之而为声，目遇之而成色，取之无禁，用之不竭，是造物者之无尽藏也，而吾与子之所共适。"从变化的角度看，天地万物没有一瞬是不变的，但是从不变的角度看，万物与我同样是无穷无尽的，只是换了不同的形式存在而已，又有什么可羡慕的呢？天地之间，凡物各有自己的归属，若不是自己该拥有的，一分一毫也不能求取。只有这江上清风、山间明月，取之不尽，用之不竭，这是造物主恩赐的大宝藏，你我尽可以一起享用。

所以，你来这个世界，就是来体验来了，来感受这自然赋予的一切，包括人世间的一切。既然是来感受的，你大可以选择用喜欢的方式度过一生，在不对他人造成负面影响的前提下，不必局限于任何束缚，大可以想干什么干什么，不必在意任何人的看法，不必让别人满意，不必用别人的标准评价自己，大可以自己建立自己的人生原则。你可以选择你喜欢的工作，可以选择和你喜欢的人在一起玩耍，可以选择适合自己的舒服的节奏，可以工作到很晚，也可以一觉睡到下午，可以追求不尽的财富，也可以不那么有追求，可以到处旅游，也可以静静独处，可以结婚，也可以不结婚……这一切唯一的标准，就是你喜欢与否。

你喜欢做一件事，就去做，不必陷入能不能做好的痛苦中，做好了高兴，做不好就是一次体验。你喜欢一个人，就告诉他，不必患得患失，能在一起就高兴，没法在一起也是一次体验。明白了这个道理，你就可以与自己对话：焦虑毫无意义，生命并不长，不必耗在焦虑里呀。此刻高兴吗？做什么高兴？出去走走可好？看个电影可好？和喜欢的人聊聊天可好？如果有一件事能让你开心，那就去做吧。

总之，想要彻底解决焦虑，就要有一个高维视角，用另一个我来与当下的我对话，克制急于求成、趋易避难的欲望；告诉自己每个人都有自己的曲线，不要拿自己去和别人比较；告诉自己商业自有发展规律，结合自己的节奏顺势而为而不是被势所累；告诉自己，一切的焦虑都毫无意义，生命就是一场感受，自己喜欢最重要。

认识苦难：如何理解和面对人生中的苦难

有太多的人歌颂苦难，苦难的价值被放大，我觉得有必要写一篇文章，谈谈我对苦难的看法。

苦难没有价值

我们过去接受过很多吃苦文化的熏陶，比如"生于忧患，死于安乐"，比如"天将降大任于斯人也，必先苦其心志，劳其筋骨，饿其体肤，空乏其身，行拂乱其所为"。

每天把重复的工作做一百遍，从早到晚，苦不苦？像驴一样拉一万圈磨，苦不苦？很苦，而且吃了苦似乎也没长什么本事。讲到这里，你可能已经明白了"吃苦不一定长本事"的道理。但是明白了这个道理，你吃苦了吗？你学会了新知识，长了新本事，但是并没有吃苦。

所以，吃苦不一定能长本事，想要长本事也不一定要吃苦。人要活的本事，确实要和真实世界发生交互获得反馈，但是不是只有负反馈可以长本事，正反馈一样可以长本事。比如，小孩子在长大的过程中逐渐学会行走和说话，在无忧无虑地玩耍中学会跳绳，这些都是正反馈带来的本事。

除了个体的感受，放到整个人类来讲，吃苦也不是什么好事。人类历史上每隔一段时间就会发生天灾、瘟疫、饥荒、战争，对于人类来说都是苦难。举个例子，公元 200—600 年，中国大汉王朝和西方罗马帝国都在这一段时间灭亡，背后的根本原因是全球气候发生变化，整个地球进入寒冷的小冰河期，连续的干旱和饥荒激发了世界级的资源争夺，草原人无法生存，于是相继进入中原和西方，中国东汉末年的人口从 5000 万降到三国时期的 900 万，对于人类来说，这就是苦难。

所以，吃苦也不一定会让人类有更好的发展。

但是，有人说吃苦就能长本事啊，比如运动员重复大量的练习很苦，就能长本事，但这个本事本身不是吃苦得来的，而是大量的练习得来的，苦只是大量练习过程中的副产物罢了。如果有一种方法，可以在练习的时候没有苦，我们应该选择没有苦的练习来长本事。

如果你还不能理解，那我再说一个简单的例子，我们说良药苦口利于病，真正利于病的是药，而不是苦，如果有甜的药可以达到一样的效果，那就应该喝甜的，这就是为什么我们要用胶囊把苦药包裹起来，因为这样并不会影响药效，同时也避免了吃苦。

为什么以前的人们会美化苦呢？除了上一段分析的，可能还有一个很重要的原因，是因为在物资缺乏、生活水平落后的时代，美化苦能让人们的心里好受一些。

不要给孩子制造苦难

老王的妻子总是望夫成龙，但老王的表现却总是不尽人意。妻子脾气不好，总骂他没本事，嫌弃他这也不对那也不对。老王在家里敢怒不敢言唯唯诺诺，结婚才十年，已经未老先衰。老王吃苦了吗？吃了。老王长本事了吗？没有。

老王的妻子眼看着丈夫没法成龙了，自从有了孩子之后，便开始望子成龙，对孩子付出了大量心血，不仅教孩子做人的道理，还手把手指导孩子做事情，但孩子也总是达不到她的期望。老王妻子的脾气变得更加暴躁，对孩子要求更加严格，孩子整天生活在重压之下，没有乐趣可言。面对同样的情绪压力，老王和儿子，谁的压力更大呢？答案是老王的儿子。

因为老王是成年人，儿子还是个孩子。成年人之所以更能抗压，是因为成年人能够合理评估各种压力的价值，我们通常愿意为了实现某个目标面对压力。比如成年人知道跑步会让身体更健康，所以很多人可以克服跑步带来的痛苦感，因为心里有让身体健康的目标。建筑工人每天搬砖砌房子，明白建好了房子就可以挣到钱。

老王之所以能忍受妻子十年，是因为他对维持婚姻有一种意义感。但是孩子没有这种意义感，孩子觉得苦，是真的苦。

我们为什么会羡慕孩子般单纯的快乐，因为孩子是一个真正活在当下的人，没有生活的压力，就是在单纯地体验这个世界。孩子的世界，快乐是真正的快乐，但是苦也是真的苦。2020 年，悉尼大学政治哲学系讲师卢拉·费拉乔利（Luara Ferracioli）提出一个论点，说无忧无虑，对孩子来说，是美好生活的内在要求。忧和虑都会导致孩子的生活不美好。

研究表明，逆境压力只会让孩子的糖皮质激素水平偏高、多巴胺系统混乱，他们长大后会更难控制自己的情绪，会更容易参与暴力，会更容易对一些事物上瘾。

前文说过，苦难没有价值，苦难并不会让你长本事，苦难只是长本事过程中可能会产生的一种副产物，如果能够吃带胶囊的药，就不要吃苦药，所以我们应该让自己尽可能远离苦难。在孩子没有情绪调节能力的时候，孩子感受到的苦难比大人更直接、更刻骨，所以要让孩子远离苦难，并且尽量不要给孩子制造苦难。

苦难的意义

苦难对于人生来说没有价值，但是站在更高的维度思考，自然界的一切发生都有它的意义，从这个层面讲，苦难的意义是什么呢？

达利欧在《原则》一书中说："进化是宇宙中最强大的力量，是唯一永恒的东西，是一切的驱动力。"尽管宇宙中的一切都会死亡或消失，但真相是它们以进化的形式重新组合了，因为能量是守恒的，它们不会被摧毁，只是以一种形式转换为另一种形式。所以，世界上的各种各样的元素在不同的时期组成不同的形式，不断分裂、组合，构成当时的宇宙，背后的力量就是进化。

这和佛教经典理论"缘起性空"的道理是一样的。缘起就是这世间的一切事物都是因为一定的机缘碰巧生起的，性空就是这世间一切事物的本性都是空的。佛教这个理论和进化论的区别在于，进化论终归是一切都在更好地适应这个世界，对于自然来说，留下适合的，以后的世界会越来越好，所以叫"进化"。而佛教这个理论说的是一切事物的变化都是因缘和合、机缘巧合，是没有规律的。

所以从自然和进化的角度看问题，我们会看得更清楚一些。我们总是过高地估计人类的力量，比如有人讲人定胜天，或许这只是人类给自己打气的话罢了。尽管人与其他物种相比已经相对非常聪明了，但人永远战胜不了天，这个天就是自然规律。自然规律可以造出宇宙中的一切，而人类能够造出的东西极其有限，哪怕一只小小的蚂蚁。

"进化论"说："物竞天择，适者生存。"苦难对于自然界的意义，就是"天择"，也就是筛选和留下那些更适合生存的人，仅此而已。

一片麦田的麦子，它们从出生开始，经历阳光雨露，最后长到成熟。如果没有经过狂风暴雨，麦子都会按照既定的生命轨迹走向成熟。

如果这片麦田经历过一阵狂风暴雨，有的麦子就会倒下、死去，有的麦子依然挺拔地活着，这并不是说狂风暴雨让这些挺拔的麦子变得更坚强，而只是狂风暴雨将这些坚强的麦子筛选出来了。所以，不是苦难让麦子变得坚强，而是坚强的麦子经得住苦难。

如果这次暴雨来得更猛烈一些，变成了七天七夜的洪水，那么在这片麦田里，无论多么坚强的麦子，都挺不过去，而一百里外的另一片麦田，没有经历狂风暴雨，麦子就活下来了。所以，有时候不是麦子不够坚强，只是运气不好。

有人把经历过1930—1945年的人称为伟大的一代，因为这段时间发生了经济大萧条、天灾和第二次世界大战，但是，在这个过程中死掉了数不清的人，留下来的人才能被称为伟大的一代。所以与其说这一代人是伟大的，不如说是伟大的幸存者留了下来。

苦难的第二层意义，在于引起思维的转换，激发人的潜能，改变人的世界观和价值观。

虽然苦难本身没有意义，但是经历苦难，可以引起思维的转换，激发人的潜能。因为过于顺遂的环境，人容易产生懈怠，找不到意义感，本来能做很多事情的，因为没有经历过苦难，结果总是把时间花在享乐上，经历苦难或者逆境，可以使人重新审视生命的意义，产生看待世界、自己与世人的全新观点，进而思考应该如何与这个世界相处，潜能得以激发。

电影《活着》里的主角福贵，出生时家境殷实，找不到人生的意义，每天赌博度日，把整个家都输光了，妻离子散，自己也流落街头，赢了他祖宅的龙二给了他一副演皮影戏的装备，最后靠着唱皮影戏的功夫谋生。这就是苦难对于福贵的意义，他从苦难中找到了活着的意义，找到了家庭的意义，人生观、世界观得以改变。

42岁的苏东坡，本来在官场混得风生水起，虽然对熙宁变法颇有不满，但不管是身在开封还是杭州，都乐得其所，经历乌台诗案被贬到黄州之后，他的思想境界有了极大的升华，才有了三咏赤壁，写下了"唯江上之清风，与山间之明月，耳得之而为声，目遇之而成色，取之不尽，用之不竭，是造物者之无尽藏也，而吾与子之所共适"这样的千古名句。

如何面对人生中的苦难

生活中没有百分之百健康长大的孩子，没有一个孩子不会经历任何苦难或者逆境，成人世界也是如此，我们有太多不可避免的苦难。

比如，每个人都要经历漫长的学习和考试，凡考试必有压力；每个人又都要和彼此价值观不一致的人接触或相处，这就必然会经历关系的压力；世间的资源是有限的，还会面临资源争夺的压力。

如何面对苦难，我有三个建议：

第一，对于可能影响到生命危险的苦难，要尽可能地远离和规避。刚才讲了如果狂风暴雨引来七天七夜的洪水，任何小麦都经历不了，这种苦就不要去受了；面对人生规划的时候，也要选择那些尽可能不影响身体健康和生命危险的职业和岗位。任何时候，关系到生命的苦难都要远离。

第二，如果你找不到人生的意义，经常陷入无意义的空虚感，可以主动去吃点苦，去体验没有钱的生活。就像《甲方乙方》中那个吃遍了山珍海味的尤老板，到了村里，全村的鸡都快吃完了，虽然影片好像没有交代尤老板后面的故事，但是经历过这番苦日子，他的思想一定会发生变化。如果你的孩子通过正面的教育无法变得优秀，经常调皮捣蛋，可以送到能吃苦的地方锻炼，当然我建议是初中以上的孩子，真正能够通过吃苦获得意识上的改善。

第三，如果你找到了工作的意义，有了明确的目标，那么那些影响生死之外的苦难，应对方式有两条：一是沉着冷静，因为反正也不会死，没有什么大不了的，我们可以用之前讲过的"观众思维"来化解负面情绪，然后该解决问题就想办法解决问题。二是由弱变强，我们回到刚才的麦田，狂风暴雨是来筛选麦子的，弱者终将死去，只有强者能够生存下来，一棵麦子，有着坚实的地基，有着坚韧的躯干，才会在狂风暴雨中屹立不倒。所以，我们只有变强，才能应对生活中那些不得不应对的苦难。

如何变强？就是让自己拥有更多更厉害的能力。如何持续提升能力？答案就是终身学习。

科学发展到今天，我们对这个世界的认知也越来越清晰，很多道理在科学层面得以验证。比如，量子力学认为微观世界中的一切只能用概率统计来表达，一旦具体到某个粒子，那么它的状态就变成了不确定的叠加态，也就是"薛定谔的猫"思想实验中那只"又生又死"的猫（生、死状态叠加）。也就是说，这个粒子的状态是不确定的，这和"缘起性空"的道理就是吻合的，因为他们说的都是一切事物的变化都是机缘巧合，是没有规律的。

苏东坡的前《赤壁赋》，可以说是深刻地揭示了这一哲理，你看他说的几个观点：

1. 在赤壁，过去最有名的是曹操和周郎，他们都是一世之雄，虽然过去风光得不得了，今天都成了灰。固一世之雄也，但而今安在哉？

2. 我和你在这长江之上游玩，但是我们的生命对于这世界来说，只不过是须臾片刻，只有长江滚滚无穷无尽。

3. 你可以知道这水与月？这江水滚滚东流，实际上并没有真正逝去，这月时圆时缺，实际并没有增加或者减少，因为从变化的角度看，天地没有一瞬间是不变化的，从不变的角度看，万物与我同样无穷无尽，我又有什么好羡慕的呢？

4. 凡物各有其归属，如果不是我应该有的，一分一毫也不必强求。只有江山清风、山间明月，耳听目得，取之不尽，用之不竭，简直就是大宝藏啊，我们可以一起享用。

前《赤壁赋》节选：

……苏子愀然，正襟危坐而问客曰："何为其然也？"客曰："月明星稀，乌鹊南飞，此非曹孟德之诗乎？西望夏口，东望武昌，山川相缪，郁乎苍苍，此非孟德之困于周郎者乎？方其破荆州，下江陵，顺流而东也，舳舻千里，旌旗蔽空，酾酒临江，横槊赋诗，固一世之雄也，而今安在哉？况吾与子渔樵于江渚之上，侣鱼虾而友麋鹿，驾一叶之扁舟，举匏樽以相属。寄蜉蝣于天地，渺沧海之一粟。哀吾生之须臾，羡长江之无穷。挟飞仙以遨游，抱明月而长终。知不可乎骤得，托遗响于悲风。"

苏子曰："客亦知夫水与月乎？逝者如斯，而未尝往也；盈虚者如彼，而卒莫消长也。盖将自其变者而观之，则天地曾不能以一瞬；自其不变者而观之，则物与我皆无尽也，而又何羡乎！且夫天地之间，物各有主，苟非吾之所有，虽一毫而莫取。唯江上之清风，与山间之明月，耳得之而为声，目遇之而成色，取之无禁，用之不竭，是造物者之无尽藏也，而吾与子之所共适。"……

课题分离：你为什么总没有安全感

和一个朋友聊到事业和未来，他说真羡慕我的状态，做什么事情都看起来很有激情，而我却感觉自己做什么好像都做不成，有个工作就不错了，有时候有了好东西也觉得终会失去，认为自己配不上。

有这种感觉的人不在少数，在我过去的经历中，不止一次遇到。于是我好奇地查了这种感觉和行为是怎么形成的，然后在陈海贤老师的《自我发展心理学》上找到了一个比较靠谱的答案，因为心理学上有个专有名词叫"不安全依恋"。

首先，什么是依恋，依恋是人最强烈、最基本的情感。孩子小的时候，母亲就是世界，母亲和孩子间有很多亲密互动，你看看我，我看看你，都是满满的爱意，孩子和妈妈都会觉得很温馨。但是，如果妈妈本身有很强烈的不安全感，那么也会让孩子没有安全感，形成"不安全依恋"。

看到这儿，想起我初中的时候，有一段时间，我爸妈因为家庭经济问题吵得不可开交，甚至大打出手，随后就是冷战，那段时间我在学校的精神状态极差，根本无心学习，时刻担心着他们之间会发生什么事，有时候甚至想着他们如果离婚我要怎么选，我和弟弟怎么办，好不容易放学回家，路上也是心惊胆战、磨磨蹭蹭，因为不知道回到家里面临的是什么，整个人都处于一种不好的状态。其实，父母的情绪无时无刻不在影响着我们，他们情绪好的时候，我们吸收的是正能量；他们情绪不好的时候，我们吸收到的都是负能量。

2016年，学霸吴某亲手杀死了自己的母亲。吴某在法庭上说，自从父亲去世以后，他就没有了家的感觉。他的母亲是一位教师，极其要强，从小对孩子要求严格，对孩子的学习抓得很紧，不允许孩子犯任何错误，一旦犯错，就会非常严厉地批评甚至惩罚孩子。她虽然对孩子说："你什么都不要操心，只要好好读书就可以了。"但是实际上，她给孩子不断施加学习和生活上的压力。吴某自己也表示和母亲相处倍感压抑。

这就是我们不安全感的来源，心里装着别人，就很容易把别人的问题当成自己的问题，我们就很难做自己了。

比如，我有一个朋友王莎（化名），小时候她父母的婚姻已名存实亡，很长一段时间，父亲仍然很期待复原家庭，而母亲对父亲充满了怨恨和敌意，于是她就成了父母关系的纽带。她的心里一直藏着这些事情，感觉像每天背着一座山一样，根本没有办法投入学习，直到工作之后这仍然影响着她。她就像习惯性观察父母的情绪一样，观察着周围所有人的情绪，并且对别人的情绪反应敏感，无论家人还是同事，有时候甚至和不太熟悉的人，比如孩子的兴趣课老师、快递小哥、小区邻居等，她都会担心说错了话，有很多心理负担。

有一个朋友分享过一个故事，她以前同宿舍的一个女孩小慧，和王莎的家庭情况差不多，她和宿舍里的同学相处，一旦有一点小的矛盾，就会说，你小心我向你的开水瓶里倒洗衣粉。甚至她们已经毕业好几年了，有一次小慧给她打电话说：你要向我道歉，你以前在大学的时候，曾经向我的男朋友抛过一次媚眼。后来她发现好几个同学都接到了小慧的电话，原因可能是小慧在工作中受到了委屈。我猜想她可能是因为太没有安全感，潜意识里启用主动攻击来保护自己。

有句话说，孩子试着将所有见到的一切装进心里，试着理解这个世界，这对他来讲，有点不堪重负。

其实不单单是父母，任何一段我们在乎的关系，都会对我们的情绪产生影响，从而消耗我们的能量，影响我们去获得和享受美好的生活。我儿子熙熙不到一岁，有时候晚上睡觉经常半夜莫名其妙地哭，而且一哭就哭半个多小时，隔一会儿又哭，怎么都哄不好，导致我们整夜整夜都睡不好觉。白天我老婆一个人在家带，忙里忙外也没有休息的时间，一开始她还很有耐心，但是耐不住孩子白天晚上的磨人，时间长了也难免发脾气。有一天我就发现我上班没有办法专心了，我很担心孩子的状态，更担心老婆情绪崩溃。

一旦被焦虑、忧郁、烦恼等情绪占据了大量的注意力，我们就很难有好奇心再去探索世界，也很难发展出自己的新技能，就会感觉做什么都很难成功，没有新技能，我们就找不到存在的价值感，就会产生自我否定。

如何摆脱这种情绪困境，陈海贤老师也给出了一个答案，那就是"课题分离"。课题分离是著名心理学家阿德勒的理论。它是处理人际关系的基本原则，也是建立健康关系的基础。

课题分离的大意：要想解决人际关系的烦恼，就要区分什么是你的课题，什么是我的课题。我只负责把我的课题做好，而你只负责把你的课题做好。判断一件事是谁的课题，有一个简单的准则：看行动的直接后果由谁来承担。谁承担直接后果，那就该谁负责。

对于王莎面临的父母关系问题，最好的解决办法就是直接脱离与父母的对话，不做他们沟通的桥梁，让矛盾的课题双方自己解决，无论他们是分是和。

比如，学会充分表达自己的需求。我们在工作中，常常会因为臆想主管或同事的回应和看法，来决定我们要不要去说自己的需求，其实别人的回应是别人的课题，没有必要因此不去表达自己的需求。开会的时候，为什么你总是开不了口？就是因为你害怕意见被别人否定，影响你的正确性，遭受不必要的打击，就干脆不说话。实际上被否定或者被打击是你臆想出来的，不应该作为你行动的准则。

又比如，学会根据自己的感受去拒绝。不能因为自己拒绝起来有困难，就抱怨同事不该提请求。如果我们选择拒绝，别人怎么评价，那又是别人的事了。它既不是我们能控制的，也不是我们能剥夺的。因此，别人怎么评价我们，不应该成为我们的行事准则。

最近我的一个下属提出离职，我问他原因，他说："我38岁了，仔细回顾我过去这些年的经历，按照父母的要求上了本地的大学，第一份工作也是在父母的建议下选择的，一干就是十几年，其间按照大家给我规定好的时间和路线完成结婚生子。可是这几年我越来越发现，我一直活在他们的世界里，我从来没有为自己活过，虽然我还是没有想好接下来要做什么，但是这个决定我已经思考了两三年了，家里人没有一个支持我，即便如此，我也越来越感觉到，我应该去过我自己的人生了。"

他说完之后，我没有挽留，我很高兴看到一个觉醒的人，一个脱离了"安全感"舒适区的人，并且给了他一些建议，让他花一段时间向内寻求真实的自己，投入进去，去创造一个属于自己的世界。

总之，在所有的关系中，我们要敢于遵从自己的内心，脱离别人的课题充分表达自己的需要，只有这样，才有真正做自己的可能。

换个环境：远离多巴胺陷阱

我读 EMBA 后发现，不管南方还是北方，都有 EMBA 的户外活动组织，主要内容就是跑步，很多户外组织都是每天跑，每天打卡晒公里数。在华为，有很多厉害的主管，都是跑步的高手，我认识好几个高级主管，长年参加各类马拉松比赛，而且都能取得不错的成绩。

为什么有很多人喜欢跑步？我和一个跑友交流后知道，是一种叫作内啡肽的东西在激励着他们。内啡肽是一种疼痛补偿机制，因为跑步到一定量的时候，肌肉里的糖分燃烧完毕，只剩下氧气，这时候大脑就会释放内啡肽补偿疼痛，内啡肽的产生会激发人处于一种愉悦状态，所以跑步爱好者才能够常年坚持下来。

人体内有四种能给我们带来开心的化学物质，使我们感觉神经放松舒适，远离焦虑和抑郁，它们分别是：

多巴胺：一种神经传导物质，用来帮助细胞传送脉冲。这种脑内分泌物和人的情欲、感觉有关，传递兴奋及开心的信息。另外，多巴胺也与各种上瘾行为有关。

血清素：在大脑皮质层及神经突触内含量很高，是一种能产生愉悦情绪的信使，几乎影响大脑活动的每一个方面：从调节情绪、精力、记忆力到塑造人生观。血清素水平较低的人群更容易产生抑郁、冲动、酗酒、自杀、攻击及暴力行为。

内啡肽：体内自己产生的一类内源性的具有类似吗啡作用肽类物质。它是一种补偿机制，当机体有伤痛刺激时，内源性阿片肽被释放出来以对抗疼痛。在内啡肽的激发下，人的身心处于轻松愉悦的状态，免疫系统得以强化，并能顺利入梦，消除失眠症。内啡肽也被称为"快感荷尔蒙"或者"年轻荷尔蒙"。

催产素：能减少压力激素的水平，有效抑制负面情绪，降低恐惧。所有增进我们爱和归属感、信任感的人际互动行为，都会促进催产素的分泌，无论男女都会分泌催产素。

多巴胺的本质

内啡肽是个好东西，但是内啡肽也最难以获得，因为这需要长久的对身体的折磨，比如跑步、游泳、划船、骑车或者球类运动。另外，吃辣也会产生内啡肽。

内啡肽难以获得，那什么最容易获得呢？就是多巴胺，比如吃美食、打游戏、看电视剧等。多巴胺本身不直接产生主观的愉悦感，不是奖励的绝对值，而是奖励预测误差。也就是说，它会在你获得惊喜的时候出现，鼓励你在获得快感的事情上坚持下去。

也就是说多巴胺并不直接等于快乐，而是等于奖励、励志或者强化。举个例子，你打开了一个手游 App（探索未知环境），试了一次，特别好玩（奖励），结束了还想再来一局（激励），然后，你每次拿起手机就想点开这个 App（遵从行为）。这个从环境变成行为，并养成习惯性行为的过程，就是多巴胺的功劳。

为什么很多人工作累了，回到家就是刷手机、看电视剧、打游戏？就是因为这些东西在持续地给你新的奖励和激励，如果每天的游戏一成不变，你可能早就厌了，如果电视剧的情节没有那么多反转，你早就放下了，正是因为这类奖励和激励来得太直接，所以一般人很难拒绝。而且，这类奖励和激励在过去本身就是促进人类进步的根本原因，比如路过面包店时飘来香味，这时候的奖励就会促使我们形成获取面包的行动，从而不会饿死。

自从工作后，经常会有聚会、应酬，就免不了喝酒，因为我酒精过敏，一般不太喝酒，酒局上我经常想一个问题，酒明明这么难喝，为什么有人就很喜欢喝？

研究了一下，发现喝酒这个设定也是多巴胺机制，酒精能促进多巴胺产生，提升大脑多巴胺浓度。

1. 酒精可以产生两种和压力有关的荷尔蒙，然后大脑对压力的反应是通过奖励系统分泌更多的多巴胺，以毒攻毒实现借酒消愁。

2. 酒精能降低大脑前额皮质抑制控制的能力，会有一种难以控制自己的感觉，往往能让人畅所欲言。

3. 酒精能抑制传递疼痛的信号，从而降低痛感。

4. 喝一杯比较好入睡。但是睡前喝酒会减少快速眼动睡眠，抑制记忆力和创造力。

5. 喝酒可以短暂驱寒。喝酒时末梢血管扩张，血液加速流向这些血管，从而皮肤温度升高。但是如果周围环境很冷，这些热量很快就会散去，反而让身体温度降低。

实际上大多数人是在欲望多巴胺的驱使下，带来冲动而喝酒，这种感觉绝大多数时候是可控的，一旦失控，就会让我们产生上瘾的感觉。烟瘾和酒瘾都是这样，上瘾的人虽然明知烟酒对身体不好，但还是会控制不住地去吸烟、喝酒。更极端的例子是毒品，毒瘾为什么难戒，因为多巴胺给得太多太多了，欲望回路一旦开启就无法关闭。

此外，还有一种多巴胺叫控制多巴胺，欲望多巴胺让人不管不顾地追求享受，控制多巴胺会让人只埋头于奋斗，无论获得多大的成就、金钱与荣誉都很难满足。两种多巴胺都是有利的，但它们的副作用都是让人无法享受当下。

多巴胺给我们欲望的动力，也给我们控制未来的能力，两方面效应的配合让它能给我们带来很多东西，其中最重要的就是创造力。所以，往往越是有创造力的天才，他们体内的多巴胺就越活跃。

多巴胺本来是个好东西，但是，随着科技的发展、物质世界的丰富，多巴胺机制已经越来越变成一种负担，因为我们太过于受多巴胺奖励系统的驱使，以致产生很多不良后果，比如肥胖、过度消费、熬夜猝死，这就是多巴胺陷阱。而在越来越多的诱惑之下，我们大部分人的时间都被低级趣味占据，无暇思考更好的人生。

如何脱离多巴胺陷阱?

我们之前学过一个思路：想要改变结果，就要改变行动，想要改变行动，先要改变想法，想要改变想法，先要改变环境。优秀的人、有钱的人在跑步，而你在刷抖音，这就是环境差距带来的行动差距。

首先，考虑把你用于吃喝玩乐的时间腾出来吧，找到你身边最优秀的人，和他们相处、沟通，一起做更有意义的事情。这就是为什么 EMBA 的同学有这么多爱跑步的，他们营造的环境，能够在一起形成积极的"想法"，共同追求内啡肽，通过集体的力量远离多巴胺。

其次，如果你不愿意和人相处，那么改变环境的最好方式，就是尝试把手机放下，不管是业余时间还是工作时间，让你的大脑停下来，尝试去看书。书其实也是环境，你可以和很多大师一起相处，一开始你可能会比较痛苦，但是你的新环境会给你带来新的多巴胺。我自己亲测有效的是，把手机的App 减到极致，关闭所有消息提醒，同时在办公室和家里的书房都摆满书本，一旦闲下来，我就会不自觉地拿起书，书的内容会给我带来新的多巴胺。

再次，尝试去发现自己做哪些创造性的活动会很快乐，就多做，自然会获得持久的享受，甚至可能因此找到自己的使命。喝酒喝到最高潮的就是李白，李白喝酒时多巴胺一定是分泌超级多的，斗酒诗百篇啊，创造力十足，还能烂醉里写出《将进酒》这种劝酒诗，正好完美验证了我说的：往往越是有创造力的天才，他们体内的多巴胺就越活跃。

最后，尝试变消费型多巴胺为创造型多巴胺，比如实在放不下电视剧，那就允许自己刷，但是看完之后要求自己必须输出心得，并且在网络上分享；比如停不下来多吃，那就放肆一顿，要求自己必须下厨做。渐渐地，在这种创造性快乐中，你也会重新找到生活的热情。

只有脱离了低级趣味，真正有时间思考人生的人，才会打开人生新的篇章。

理解人性：接纳人性的弱点

2016 年 9 月抖音上线，2021 年 10 月 14 日抖音日活破 8 亿，抖音海外版 TikTok，2017 年 5 月上线，如今用户已突破 20 亿。

不禁想问一句，一个 App，凭什么短时间吸引到这么多用户？

背后的底层逻辑是什么？

有人说，抖音抓住了移动互联网的红利期。没有错，但是移动互联网时代有无数的 App，为什么是抖音脱颖而出？

有人说，抖音投了两年央视春节联欢晚会的广告，吸引了大量用户。也没有错，但是广告投入大的公司也有很多，也有很多是昙花一现的。

我们找到的很多原因，都是枝叶，不是根本。

那么一个产品，能够吸引用户，最根本的原因是什么？

没有其他的，就是因为用户觉得它好。

人的需求千差万别，一个产品如何做到让 8 亿人都觉得它好？

核心是背后的人工智能算法。用算法给你打标签，把你想要的视频推给你，满足不同的人差异化的精神需求，所以抖音并不是一个标准化的产品，而是对每个人来说，它都不一样。

接着问下去，抖音是怎么满足你的精神需求的？

短视频，好的短视频。什么是好的短视频？你停留、点赞、评论、转发的短视频。

什么是好的直播间？你停留、点赞、刷礼物，购物的直播间。

抖音通过背后的算法，把你感兴趣的短视频和直播间推给你，让你离不开。

所以，如果要在抖音生存下去，怎么做出好的短视频和直播间？

抓住人性的弱点，利用人的欲望。好的短视频，就是调动你的欲望，满足你的心理需求。

人的心理满足点包括：信息、观点、共鸣、冲突、利益、欲望、好奇、幻想等。

抖音的崛起，让我们可以学到什么？

一、影响他人的办法：以情动人，以理服人

《脱口秀工作手册》中有句话说："面对一个大脑，想要影响他，最好是从情绪进入，再去理性说服。"

脱口秀如此，短视频如此。

这给我们一个启示：其实任何沟通都是如此，你想要影响某个人的想法，先从情绪进入，再去理性说服。这就是沟通的最高技术。理解他人情绪，是一种能力。

为什么男人哄不好老婆？因为女人就是一个非常典型的情绪型动物，而男人的情绪感受能力要弱得多，理性思维占了主导，所以总想着上来就讲道理，忽略了从情绪进入，如果明白这个道理，先说几句情绪同步的话，再代入理性，效果就好很多。

和小孩沟通也是一样的道理。小孩哇哇哭，你在旁边训斥说他做得不对，说他不应该哭，结果越训哭得越猛。如果你引导他说出感受，他一定是有个好的初衷，是被限制或者被误解了才会哭，先理解他的那个好的初衷是什么，让情绪在同一频率上，这样他才会认为你是他的朋友，是来帮他的，这时候再去说理就容易很多。

为什么客户生气了，要先稳住情绪再沟通？因为先理解客户的情绪，把客户为什么生气说出来，情绪缓和了才能再讲道理。

二、你看到的，都是别人想让你看到的

反过来的一个思考：这个世界，你根本就看不到本质，因为你看到的一切，其实都是别人想让你看到的。

拍短视频的人，他的目的就是想让你看他拍的短视频吗？不是，他只是想让你多停留一会儿。因为这个短视频让你留在这儿，能提升他的流量权重，这样他就可以得到更多的流量，让更多的人来看他的短视频，然后更多的人

去他的直播间，花钱刷礼物、花钱买货。

比如，你快下班的时候，看到一个拍"加班有多惨"的短视频，赶紧去留个言释放一下情绪，但很有可能，这个视频也是作者加班拍出来的。因为每一个爆款视频的背后，都是不断修正和提炼精通人性的语言和话术，再到付出时间的拍摄剪辑，以及精准地研究流量和推送，同时说不定还要拍很多非爆款的短视频打底。

对韭菜而言，最危险的，是意识不到自己是韭菜。

所以，眼睛根本看不到本质，唯有思考才能接近本质。

三、接纳人性的弱点，放过自己，放过别人

有人说刷抖音太耽误时间，就卸掉了，这当然无可厚非，但是不能因此就认为刷抖音是错的。28亿人都在做的事情，一旦你认为是错的，并且希望周边的人都卸载，那你一定会陷入痛苦和自我怀疑，因为它本身没有对错，只是一种合理的存在，就像人生下来就要吃饭一样，是件很正常的事情。

对待别人的缺点、自己的缺点，不要一味地反抗，要学会接纳它、原谅它、认可它。不对自己，也不对别人提过分苛刻的要求，放过自己的缺点，放大自己的优势，才是生活幸福的真谛。

比如你知道去视频下留言是被人利用，但你觉得发泄一下很爽，那就发泄一下，没有必要刻意压抑自己。只是，我们生活的重点不要全部放在这些弱点上面，而要把重心都关注到优势上去，这样自然而然你关注负面的东西就少了，逐步脱离低级趣味，才能成就一个充满幸福的自我。

如何放大自己的优势？放大就意味着需要更多人的关注和认可，除了不断提升和积累自己的能力与资源外，还要懂得别人的情绪，进入别人的世界。所以不仅要接纳人性的弱点，还要理解人性的弱点，只有理解，你才能更好地放大自己的优势，才能更好地放过自己的缺点，才会更加幸福。

比如你会经常看到短视频里，有人讲"你有没有遇到过一个什么什么困难，我教你三招解决这个问题……"这个"三招"其实就是利用人性的弱点，因为一般人会觉得只用一招像骗子，只用两招不专业，四招以上就太难了，所以三招正好，这样你才会继续看下去。但是当你来拍短视频的时候，你偏

偏不信邪，说三招根本解决不了，要教"八十一招"，那对不起，你的优势就没有办法被放大。

四、所有的企业做得好，背后都是对人性的深刻解读

稻盛和夫把企业管理得这么好，一个人干出两家世界五百强，拯救濒临倒闭的日航，他自己总结企业和为人准则："敬天，爱人，利他"。敬天是对自己的要求，没有人看着你的时候，也要踏踏实实做好产品，不要走歪门邪道。爱人、利他，都是要懂用户的需求。爱人，就是理解与尊重每个用户；利他，就是要从用户的角度，帮助用户过得更好，背后还是理解人的需求。

华为核心价值观第一条"以客户为中心"，就是要求员工遵循共同的行为准则：产品和服务，要真正瞄准用户的需求。

抖音，通过人工智能算法，直接理解人性。

五、人性永不变

古代的人爱看演出，唐代的宫廷除夕大筵，通宵达旦持续十余个小时，吃喝不重要，看歌舞才重要，歌舞的形式甚至比今天还要丰富，包括语言类节目如优人表演、竞技类节目如相扑、杂技类节目如吞火、功夫类节目如射箭耍刀，此外还有驯兽、舞狮、口技等。

近代的人们爱看表演，才有了梅兰芳的艺术人生。

20 世纪 80 年代街头的露天电影，经常万人空巷。

现在，人们爱看短视频。

那么究竟人的哪些特质是遗传决定而不变的，哪些是环境可以塑造的？我在北大 EMBA 谢克海老师的选修课上认识了一个模型"Competance Model"，是哈佛大学教授麦克利兰研究提出的：

● Knowledge 可变：Knowledge（知识）、Skill（技能）、Experience（经验）；

● Capability 难变：Drive（驱动力）、Logic（是否聪明）、Focus（能否专注）、Impact（冲劲）；

● Value 不变：Integrity（诚实正直）、Team-spirit（团队合作）、Dedication（奉献精神）。

也就是说，人的特质里面，可变的只有知识、技能、经验，其他基本都很难改变，而这些通常都不是我们说的人性。当你知道人性永不变之后，你就可以很好地理解下面的现象：

Drive：大多数人的生活是麻木的，处于那种不是特别痛苦，也不是特别幸福的中间状态，心里想过更好的生活，但身体却充满惰性，就是因为驱动力这个东西很难改变。但有时候经历过巨大痛苦的人，比如亲人去世、重大疾病之后，改变自己的动力反而会很足，因为痛苦是触发改变的动力，就像业绩差距是企业触发变革的动力一样。

Focus：一个坐不住的人，如果强迫他干长期坐的活，最后的结局一定是你也难受，他也难受。所以，用人要看特质，这和性格色彩的理论是一样的。

Logic：人是否聪明，是很难改变的，为什么国家教育改革不主张内卷，就是因为到了 3 岁，智力水平基本确定，到了七八岁，人的 Logic 布线就已经定型了。

从这点上，你可以看很多公司的招聘逻辑，遇到能力不行的人通常会选择直接淘汰，而不是花时间培养，因为公司明白从 Logic 这个角度看，培养是徒劳。而华为为什么选择大量培养新员工，是因为在招聘的入口处，它就把人群聚焦到了聪明程度较高的这群人身上，以前是通过高薪筛选，现在再加上品牌的加持来筛选。

总之，面对人性的弱点，我觉得可以有三种态度：

第一，正视各种人性的弱点，知道它就是一种正常的规律，就像日升月落一样，你就会活得更加通透；

第二，理解并接纳人性的弱点，而不是执着于其中，会让你活得更加轻松；

第三，学会利用人性的弱点，按照规律做事情，你才能如鱼得水，获得更大的认可，从而发挥出更大的价值。

第八章　平静与爱，获得正向能量

追寻梦想：热爱、偏执、勇气与专注

这篇文章起始于周杰伦的新专辑《最伟大的时代》，当时我还没听专辑的任何一首歌曲，只是听说周董又来霸屏了，心里有一种莫名的感动。

这个男人，在我青春懵懂之时，莫名其妙地来了，此去经年，22个春秋一晃而逝，我从稚嫩渐渐走向成熟，现在甚至已经略带沧桑，可他的歌一直都在耳边萦绕。

一、校园与自由

周杰伦出现在我的高中时代，高中正是我人生中一个很大的低谷。初中高中，我们所有付出都只有一个目的，那就是学习成绩。对我来说，最无奈的事情，莫过于在高中的时候，过早开始思考人生的意义。从目的论的角度讲，我这就属于精神内耗，不仅精神内耗，最终是在学习上彻底地自我放弃，因为学习这件事，一旦跟不上就很容易一直跟不上，于是高中三年我除了不学习课本，学了很多课堂里不教的东西，我打篮球、看闲书、写小说甚至夜不归宿流连网吧，即使在教室上坐着，也是插上耳机听歌，最终的结果就是成绩一落千丈，好学生变差学生。

你问我是否后悔，必然是后悔的，最大的问题是我不知道如何去面对父母，高考完回家见到母亲的时候，虽然她只是轻描淡写地说考得不好也没事，大不了再考一年，然而那时的我却已是泪如泉涌。

如今在 36 岁的路口，再回望当时，我看到了时光的另一面，那段时间读了大量的世界名著、中国经典文学，虽然大多数早已忘记，但是它们培养了我的语感，开启了我的创作之路；我的篮球也没有白打，让我在以后的日子里，仍然有让身体动起来的理由。

还有就是周杰伦，他的歌曲伴我走过整个灰暗时期，也在告诉我一件事，那就是：一个人，可以用才华惊艳世界。

我不知道是不是每个人的人生中，都必然会有那么一段灰暗期，或许是叛逆，或许是沉沦，或许是被打击。

灰暗期，可能就是，你做着和大多数人不一样的事情，而你既不成功也不厉害。也许那时，你只是倔强地想和别人不一样。

每当《发如雪》《青花瓷》的音乐想起，我的思绪就会回到大学。音乐真是个神奇的东西，记录着我们听歌时的情绪底色，在记忆中形成了一条高速通路。我的大学相比高中就是完全相反的，最大的感觉就是：我自由了。

大学阶段，虽然仍然生活在父母的庇佑之下，但是我们的生活压力没有那么大，有大把时间可以自己做主，除了学习上课，其他时间都可以安排做自己喜欢的事情，和自己喜欢的人在一起做事情，简直太爽了。

我今年 36 岁了，朋友问我为什么还在读书？我认真想了想，可能是因为我对大学校园有一种执念。

我想，每个人的校园回忆，都与社会人生有着不一样的底色，大学校园的底色就是自由。出差的时候，如果周末没有安排，我总爱去各地的校园逛逛，或者去篮球场打打散球，我去过清华大学、复旦大学、武汉大学、西安交大等，就是为了感受校园的气氛。

进入社会以后，我们的生存压力大了，时间不再可以自由支配，我们在生活的裹挟中艰难前行，在命运的安排下随波逐流，被现实磨平棱角，在压力下苟延残喘。

我想，这种对校园的执念，可能就是人对自由的向往吧。

二、梦想与偏执

大学是自由的，自由环境下人的本性最容易暴露，很多人选择放纵和安逸，在虚拟的游戏世界里徜徉，我们宿舍四个人，有三个人都在打游戏，我又是格格不入的那一个。

似乎是因为高中时埋藏了太多想法，心里有着太多郁结，大学时我终于可以选择释放自己，于是我报了很多社团，做了班里的团支书，做了记者团，做了校报等，我在一个工科学院创办了《传媒工科生》的报纸，在校报做文学版编辑。

我和有共同志向、兴趣、爱好或者理想的人走到一起，去做一些我们自认为有乐趣或者有价值的事情，没有金钱的衡量，也没有压力的羁绊，一切全都由我们自己决定，我觉得我们这群人的内心里，都或多或少会有一些理想主义和浪漫主义情怀。

就像周杰伦的曲风，他不关心流行什么，不关心别人怎么唱，一出手就是辨识度极高的"周杰伦"，咬字不清，唱腔独特，我就是我，是不一样的烟火。

这也是我喜欢的状态，无拘无束，无所挂碍。我有一个梦想，想要创造它，让它成为我想成为的样子，不是谁谁谁第二，也不是市场的工具。

这和做企业做产品似乎有着底色差异，你要做一个产品，流程告诉你首先你要分析用户痛点，从用户需求出发，分析需求筛选需求，至少要看看竞争对手怎么做，总之一切都要别人说了算。

可是，最伟大的产品，却往往是一些偏执狂的坚持，就像苹果手机来自乔布斯的偏执，就像周杰伦《最伟大的作品》里唱的："我对我自己的印象 / 世代的狂 / 音乐的王 / 万物臣服在我乐章；我想我不需要画框 / 它框不住 / 琴键的速度 / 我的音符 / 全部是未来艺术。"

进入社会，最可怕的，是我们的理想没了。生计成为第一位，钱成了我们一切的动力。

为什么听到周杰伦的新专辑我会感动？因为他还是那个坚持音乐梦想的人，一直在做那个独一无二的人，尽情地挥洒着才华，朝着心中的理想迈进。

我觉得专辑卖多少，能火多久可能对他而言根本就不重要，他的歌从来不图一个短期的波峰。就像有的人写文章，今天看是个热点，看完了就过去了，而有的书历久弥新，过了几十年还是经典。

生存与梦想，是否本身就是矛盾的？我想可能是的，生存与安全需求位于需求层次的最底层，之后才有归属感、尊重与自我实现。没想到的是，解决生存与安全需求，竟然花尽了我们全身的力气，以至于我们根本想不起来还可以有梦想。

可事实上，我们往往过高地估计了生存需要投入的时间，生存其实不需要太多的钱，我们在大学的时候一个月的生活费也不过就是几百块钱。我们也可能给了自己过高的物质压力，希望要个大点的房子、好学区的房子，还希望要一个大城市里的房子，一个别墅，在这些需求的压迫下，我们的时间都成了欲望的奴隶。

我希望你是一个有梦想的人，至少活出了自己的精彩。我们一生的时间其实很短很短，不过沧海一粟，死后就是尘埃，什么也带不走。我之前就讲过，我们的地球会毁灭，太阳会燃烧殆尽，宇宙也是有寿命的，只要站在足够长的时间线上来看我们的生命长度，那这一辈子就连"眨眼之间"这么短的时间都没有，你这辈子的一切感受，最终将没有任何人在乎，甚至没有任何物种在乎。既然如此，何必要做奴隶？

我希望你是一个有梦想的人，去和真正喜欢的人在一起，做真正热爱的事情。如果你有梦想，就不会失败，因为你只是走在去往梦想的路上。

三、勇气与专注

梦想本该是一个人的基本需求，小时候，大人都会问我们有什么梦想，长大了想做什么。可是，不知道有多少人，在现实的折腾中败下阵来，丧失了最宝贵的东西，那就是做梦的勇气。

我在大学担任班级团支书的时候，为了一个主题活动，曾经一个人坐公交车，跑到十几站外的税务总局，以一个学生记者的身份，采访一位官员，只是为了让这个主题活动更有说服力。那个无知者无畏的年代，也不知道哪里来的勇气。

我想起我担任学院记者团团长的时候，同期的学院学生会主席在竞选的时候说，要邀请李开复来学校做讲座。后来我们一起共事，成为很好的朋友。再后来李开复没有来，但是俞敏洪、王强都来了，还来了很多有分量的人物，整个学院的活动，在那一年提高了好几个档次。

2007 年，周杰伦拍了一部电影《不能说的秘密》，他说："当时还没有人想到将弹钢琴的抑扬顿挫，象征为时间、空间的切换，那我就要做这件事。"

其实，不怕梦想没有实现，怕的是再也没有了做梦的勇气。就像《稻香》里唱的："不要这么容易就想放弃，就像我说的，追不到的梦想，换个梦不就得了。"

有勇气去做没做过的事情，才有可能突破自己，才能长出新的能力。如果没有勇气，你就被圈住了，就什么都不会有。

他在《千山万水》里唱："我态度坚决，面朝北，平地一声雷。做好准备，这一回，起跑后绝不撤退。"

他在事业低潮期的时候，写了一首《蜗牛》："我要一步一步往上爬，等待阳光静静看着它的脸，小小的天有大大的梦想，我有属于我的天。"

我想这首歌之所有这么受欢迎，就是因为，他在鼓励那些有梦想的人，不管什么时候，鼓励他们保留勇气，一步一步往上爬。

我们喜欢周杰伦，除了喜欢他的才华，还喜欢他真正活在自己创造的世界里，这种喜欢的背后，往往是因为我们做不到的羡慕。这种品质，叫作专注。

《中国好声音》里他和宿涵听歌识曲，只需要 0.1 秒的前奏，他就能听出这是《三年二班》，可见他对自己的歌有多投入；他玩音乐、拍电影、打篮球，都做得很好，因为他喜欢，他就去做了。

这和谢霆锋很像，无论是玩音乐、拍电影、做厨子，都是一个专注者。

只有专注，才能厚积薄发。只写一篇一千多字文章很容易，一年每天都写一篇就很难，需要在这一年里，投入大量的时间，阅读、思考、打磨、修改，而往往这样的专注才能提高大脑的转速，才能建立属于你自己的知识体系，才有可能支撑起我们的梦想。

只有专注，才能真正享受快乐。郭德纲的相声很好笑，但如果你坐在相声剧场里，心里想着工作的事情、想着家里的难题，一个个包袱从你左耳朵进右耳朵出，你根本不会觉得好笑，因为你心里有事，你不专注。

只有一颗平静专注的心，才能体会到真正的快乐，不管是消费型快乐，还是创造型快乐。这种内心的平静与专注，不是多少金钱换来的，没钱时有没钱的焦虑，有钱了又会有新的苦恼，人的快乐一定是短暂的，这是进化系统决定的，所以快乐之后系统一定会给你植入新的烦恼，让你去追求新的快乐，所以烦恼是人生的底色，在烦恼中获得平静专注，是一种能力。

即便是你没钱的时候，你只要真正享受专注，不断积累和创造，未来的某一天，你的才华一定会惊艳世界。

最后，希望每一个人，都能看穿生活的压力，去追寻思想的自由，专注地去做那些真正喜欢做的事情，去淋漓尽致地挥洒才华，让小小的我们，内心充盈起满满的勇气，去无限靠近那个有些偏执又有些浪漫的梦想。

平静专注：幸福与财富没有必然关系

2022 年 6 月 10 日，北京市朝阳区人民法院依法开庭审理了被告人吴亦凡强奸、聚众淫乱一案。因涉及被害人隐私，案件依法采取不公开开庭审理方式。法院将依法择期宣判。

在世俗的眼光里，吴亦凡可以说是少年得志，年纪轻轻就取得了巨大的成绩，要名气有名气，要钱有钱，可是你看，吴亦凡他幸福吗？

成功的人并不幸福，这样的例子有很多。

财富与幸福的关系

很显然，并不是越有钱越幸福，也并不是越成功越幸福。事实上，达到财富目标，或者任何目标，都无法让你获得持久的幸福，最多只会收获短暂的快乐。因为任何人都无法逃脱进化系统的设定，进化系统就是让你持续不断地去追求新的目标。如果你达成一个目标就能永久幸福，那么进化系统就失效了，这是不可接受的。

听说过一个理论，就是财富增加对幸福感的边际效应是递减的，似乎很有道理，但我们反过来想，其似乎暗藏了一个结论，那就是钱少的时候，幸福感弱，钱多的时候，幸福感强，虽然边际效应递减，但总量仍然是增加的，也就是说钱多的人一定比钱少的人幸福。但这个结论还是不成立，因为有太多钱多的人选择自杀，而有很多钱少的人依然过着幸福的生活。所以，这个结论不成立。

那么财富与幸福之间，到底是什么关系呢？

从上面列举的各种现象看，我更倾向于认为：没关系。

获得财富并不会让你获得幸福

财富获取与幸福获取，其实是完全不相干的两条路径和两种能力。

财富获取的路径，是必须要依赖于外在条件的。你要不断提高你的能力，形成你的"产品"，通过各类杠杆向世界贡献价值，世界就会给你回报，这是财富获取的路径。

在获取财富前、获取财富中、获取财富后，永远都有糟心的事会发生，你依然会面临各种各样的烦恼。

也就是说财富获取如果是一条增长曲线，那么有的人平一些，有的人向上一些，这是财富获取水平造成的差距，但烦恼是一个跟着成长曲线的圆，我们可以赋予它一个名字：烦恼圆。有的人烦恼圆大，难以获得幸福；有的人烦恼圆小，容易获得幸福。

因为无论你是什么样的财富水平，都会面临人生各种各样的烦恼，虽然烦恼的种类不一样，但是烦恼的多少大小其实与财富水平没有多大关系。你可能会说金钱可以减少很多因钱产生的烦恼，但是金钱也会带来因钱增多的烦恼，这种烦恼甚至可能会因为欲望的增加而将你的烦恼圆进一步扩大。

明白这个道理，你可能会觉得很难受，因为你认识到即便你积累了巨大的财富，达成了很难达成的目标，成就了世俗意义上的成功，烦恼依然无法解除，你可能仍然无法获得幸福。

苏轼平生最后一首诗《观潮》，可以说是他一生的感悟。

庐山烟雨浙江潮，未至千般恨不消。

到得还来别无事，庐山烟雨浙江潮。

这首诗首尾两句一模一样，但作者却是完全不同的心境。庐山烟雨浙江潮，多少人平生就想去看一看，看不到就千般恨不消，可是到了之后呢？发现也没什么特别的，不过如此，你内心的感受并不如你期待的那般强烈。庐山烟雨就是庐山烟雨，浙江潮就是浙江潮，而已。

财富积累也是一样，你现在一年只能挣十几万，你会认为一年挣几百万的感觉很好，但是当你有一天真的达到这个收入水平，你会发现你依然有迷茫，有负面的情绪，有意外，你以为可以获得的那个内心感受，并没有出现。

曾有人说不到长城非好汉，曾有人说九寨归来不看水，等到你真正到了看了之后，你内心期待的那个感受，消失了，也许还多了些人头攒动的烦闷。我有一个做海员的朋友，刚开始出海的时候很兴奋，因为以前从来没见过大海，可是半年之后他已经体验不到出海的乐趣了，每天面对茫茫无际的大海，只会无比思念陆地上的日子。

电影《心灵奇旅》的主人公乔伊·高纳是一名没有编制的黑人钢琴老师，梦想是能够和大音乐家同台演出。当他费尽千辛万苦，甚至差点死亡，最终如愿以偿和音乐家多茜娅·威廉姆斯同台演出，愿望实现后，他却发现，并没有那么高兴。

他说自己为这一天努力了很久很久，终于实现了，却感觉没什么不一样。Nothing different！

所以，获得财富或者达成目标，并不能让你获得持久的幸福。

但是，我们反过来看，因为幸福是一件与金钱多少无关的事情，那就意味着，无论你是在艰难困苦的环境中，还是在大富大贵的环境中，你都有路径获得幸福。

这样一想你就该觉得幸运了，因为即便你现在还没有成功，依然可以幸福。

到底什么是幸福?

幸福获取的路径,是不需要依赖于外在条件的。想要获得幸福,首先要搞清楚到底什么是幸福,到底什么时候感觉到幸福?

郭德纲讲过一个段子,你花 500 块钱买一张相声门票,来听相声,哈哈一乐,心情舒畅,烦心事都忘了,感觉到了快乐。而在家里,往放桌上 500 块钱,你肯定乐不起来,能乐起来的话你的那个病 500 块钱治不好。所以,500 块钱的财富并没有让你感受到幸福,但当你听相声感受到快乐的时候,你是幸福的。

但是,同样是听相声,我在认认真真地听,而你心里想着还有份材料没写完,一直在琢磨怎么给领导交差,段子你都听不进去,这时候你就没有办法感受到快乐。所以,相声让我们快乐,有一个前提,那就是我们的内心是否平静与专注。

当然,进化系统决定了我们的一生不可能永久快乐,总是激发着我们寻找新的快乐,所以遇见快乐的事情,我们感受到快乐,这当然是幸福的,但是我们人生中绝大多数时间是在"没有快乐也没有不快乐的事情",或者是在"遭遇令人不愉快的事情"这两种场景中度过的。这两种场景下,我们如何能够感受到幸福呢?比如今天上班非常堵车,你就可能会有两种心情,一种是因为堵车而非常焦急,恨不得推着前面的车往前走,不停地看表,计算可能迟到多长时间,然后脑子里设想如果迟到了要如何解释和应对,整个人都不好了;另一种是你淡定地看着窗外云卷云舒,听着喜欢的音乐,享受着路途中的一切,整个人是一种轻松自如的状态。很显然,第一种状态的你感受不到幸福,而第二种状态的你一看就是幸福的。这就是说在没有相声的情况下,我们感受幸福的前提,依然是我们内心是否平静和专注。

也就是说,我们感到幸福的时刻,是我们内心保持平静与专注的时刻,它让我们可以静静地享受生活中令人愉悦的事情,也可以平静地应对生活中的糟心事。幸福的定义,就是保持内心的平静与专注。

聚焦当下：幸福是另外一种能力

搞清楚了什么是幸福，这个时候问题就来了，怎么获得幸福呢？也就是说，在材料没写完的情况下，如何保持内心的平静与专注？当然，你可以把"材料没写完"，换成任何干扰你内心平静的事项，比如"上班要迟到了""这个月工资怎么少到了 500 块""主管今天又批评我了"……

首先，你要给自己树立一个观念，那就是幸福是一个可以通过锻炼而获得的技能。就像相信你有能力改变你的财富状况一样，你要相信自己一样可以改变幸福状况。我们很多时候之所以没有某项东西，是因为我们没有花时间在获得这项东西上面，比如下象棋，如果你投入五年时间下国际象棋，虽然你可能成不了顶尖高手，但是依然很有机会成为高手。你现在不是高手，甚至不懂象棋的规则，不是因为你没有能力，而是你没有学习和练习。获得幸福也是一样，我们每天浑浑噩噩地跟着大多数人的节奏一样挣钱花钱，几乎没有花时间在获取幸福这件事情上，当然就感受不到幸福。有了这个观念，我们在生活中就要通过方法来保持练习，勤于实践获得技能，就像开车一样，你先得学着练车，才能学会开车。

然后，我们分析为什么在材料没有写完的情况下，我们的内心不平静、不专注？很大可能是你在担心后果，比如没搞好明天怎么给主管交代，或者后悔为什么没有早点抽时间写好，或者脑子里开始构思哪一页应该写什么东西，甚至在想还要找谁要什么素材，要不要现在先拿出手机给他发个信息？一连串的念头蹦出来占据了你的大脑，就没有办法平静和专注了。我们的大脑总是在回忆过去或者畅想未来，杂念层出，这就是我们内心不平静、不专注的根本原因。

明白了根本原因，就找到了一半的解决方案。既然大脑要回到过去或者畅享未来，解决方案就是别让它出杂念，让它聚焦在当下。那怎么聚焦当下呢？

方法一：冥想

冥想的原理，就是练习把注意力集中到某一单独的对象上，通常是呼吸。具体的方法网上可以有很多，也有很多类似辅助练习的课程或者音乐。

很多人晚上睡不着觉就是因为想东想西，冥想可以很好地解决入睡问题，长期训练也是可以提升幸福感的。我爱人有一段时间睡不着觉，我就尝试在她旁边说："闭上眼睛，放松你的全身，保持正常呼吸，想象你的手上有一个红色的苹果，现在看到的是苹果的正面，尝试反过来看看它的反面……"几句话的工夫，她就睡着了，这就是冥想的力量。

这个原理我感觉其实挺简单的，比如我们讲故事哄小孩睡觉，我们讲的"故事"就是一个对象，而小朋友的注意力又特别容易集中，所以他们可以很快入睡。有时候用郭德纲的相声来帮你助眠，也可以达到同样的效果，本质都是将注意力集中到某一个对象上。

当然这个方法需要持续练习，很多人会因为一两次不管用就不练习了，这就好像学习打乒乓球，教练说拿起拍子接球，你一开始没接住，就说教练的方法不好用，实际上任何技能的习得都是离不开练习的。

方法二：接受一切

我们之所以会想东想西，很多时候都是因为担心、害怕、恐惧，这些消极情绪占据了我们当下的大脑，于是无法平静专注。

可是当我们把时间拉长来看，这些情绪全都是无用的，只有对当下的消耗。比如你还记得三天前你睡不着觉的时候，你在烦恼什么吗？你大概率已经想不起来了，因为此刻你的注意力都在我的文字上，你是平静专注的，不会回忆过去。

时间拉得再长一点，比如你还记得十几年前你曾经丢过东西吗？刚发现丢东西的时候你是什么感受？现在回过头去看，又是什么感受呢？

18年前我大一的时候，好不容易攒到钱买了部诺基亚手机。有个搞推销的进到我们宿舍偷走了两部手机，其中一部就是我的，我和舍友当时那叫一个心痛啊，报了警，到了警察局人家说金额太小不受理，然后我们坐公交车到很远的地方查手机的通话记录，我们发现小偷曾经打电话到安徽安庆，我们打过去无人接听，当时还想了很多其他办法，不仅耗费了很多精力，心情也是糟透了。可是，现在回想起来，丢个手机又算得了什么？我们浪费的美好时光，远比丢失的东西重要得多。

所以，当你陷入当下的烦恼中时，不妨想象你已经到了18年后，想象那时的你希望现在的你怎么过？也许你的心情就会不一样了。

我们可以把时间拉得再长一点，100年后，有幸看到这篇文章的你大概率已经离开这个世界了，看到这句话你也许会觉得晦气，这正是我们无法接受负面现实的根本原因，那就是我们无法坦然面对死亡。但是，死亡是生命的必然，认识到这一点，所有你内心的痛苦都可以得到解脱，从而好好地去体验生活。

我们一生都在为难自己，挣钱没有别人多、创业没有结果、投资亏损、儿女不如别人家的孩子、父母生病、我回的这条信息她会怎么想……各种各样的理由都会让你陷入痛苦，但是你要知道就算如此成功的马斯克，和你也一样，都有一个共同的结局，既然如此，你又何必苦苦折磨自己？

如果你无法释怀，那么可以把时间拉得更长一点，你现在看到太阳每天东升日落，似乎很正常，但是根据人类已有的科学知识，太阳是有寿命的，一共也就能存活100亿年，而现在它已经活了50亿年了，这并不意味着地球还可以存在50亿年，有科学家甚至预测，如果温室效应按照现在的趋势发展，在2160年，地球将变成一个荒凉的星球，恶化的环境将无法使人类居住，这个时间距离我们现在只有不到140年。地球存在的时间，少则数百年，多则10亿年。

也许地球上会有新的生物出现，但是，那和你以及整个人类文明都已经没有关系了。想想你知道在上一个恐龙统治地球的时代，最富有的恐龙叫什么名字吗？若干年后，人类的一切都将消失，下一文明的生物也许只知道存在过人类这个物种，仅此而已。而你也不必羡慕下一文明的生物，因为在若干年后的未来，它们也终将消失。

了解过天文学的人可能知道，宇宙中所有的恒星都有生命周期，也就意味着它们都有寿命，不仅如此，宇宙也是有寿命的，宇宙已经存在了100亿年，还将继续存在 100 亿年。即便人类将来把地球迁出了银河系，或者人类的意识适应了太空的生存环境，这样虽然可以解决地球寿命对人类命运的限制，但还是逃脱不了宇宙会消失的结局。

站在如此长的时间线来看我们的生命长度，它就像飞过你眼前的苍蝇一样，眨眼之间你就找不到了，你这一辈子的一切感受，最终将没有任何人在乎，甚至没有任何物种在乎，生前无人在意，死后也无人在意，所以，你所谓的烦恼，还算什么？

有了这个认识，你就可以完全、彻底地接受现实的一切，我们来这一世本就是偶然，走了也是偶然，唯一的目的就是感受和体验这个世界，那么你要做的，就是用平静和专注去体验当下，这便是幸福。

方法三：为遭遇赋予积极意义

我们的大脑杂念层出的导火索，是先发生了一件事情，赋予了它消极的意义，导致了我们的消极情绪。比如上班堵车要迟到了，我们赋予它的消极意义就是迟到了要扣工资、要在领导和同事面前丢脸、要耽误你的工作安排等，但是这些事情只有消极意义吗？也许你早就想离开办公室去看看窗外的世界，看看蓝天白云，这不正是好的机会吗？

我大一时丢掉心爱的新手机的事情，也许就是来告诉我，已经丢掉的东西，大可不必再花时间去找，这个经验会指导我不再犯错。

邻居的孩子数学考了 100 分，你的孩子只考了 50 分，你可能会因此沮丧难过，甚至还会恨铁不成钢，但是也许这件事就是在告诉你，数学不是你孩子的专长，可以早一点帮助孩子把时间花在他别的感兴趣的事情上。

所有的事情，都可以找到积极意义。你要相信，你生命中的每一天都不白活，也许当时你没有找到事情的积极意义，但只要你内心相信这一点，后来的日子也会告诉你积极意义在哪里。

当然这些方法是教你回到当下，使用的前提是你陷入了负面情绪之中，而当你的工作、你的生活本身就能让你聚焦当下的话，则大可不必使用这些方法。

也许还有很多其他的方法可以帮助我们的意识回到当下，但是所有的方法都只是方法，如果不去运用和实践，那么你只是听说了方法而已。就像我们说获取财富是有方法的，但是看懂了方法并不保证你拥有财富，你需要不断地在社会中演练。获取幸福也是一样，看懂方法并不保证你拥有幸福，你还需要不断地在内心演练。

为什么很多人越有钱幸福感越强？

虽然我说财富水平与幸福程度没有关系，但是依然有很多人，他们在成长过程中发现，当一个人财富从少到多时，自己和家人的幸福感是在增强的，这是不是表示幸福仍然和财富有很大关系呢？

一个家庭的财富如果是持续增加的，那么爆发矛盾的概率相对较低；一个企业的财富持续增加，员工离职就会减少；一个国家的财富持续增加，发生内乱的可能性就会降低。但是，这并不意味着财富是幸福的决定因素，而是因为人们在获取财富的过程中，同时也能锻炼出让大脑聚焦当下的能力。

我们讲幸福需要接受现实的一切，并不意味着我们什么都不做，我们可以体验这个世界的美好，也要为这个世界创造美好，这样才会体验到更多的美好，而创造美好的过程，本身也是一种美好的体验。保持平和与专注，聚焦当下，对我们的要求就是，在一个特定的时间段里，只做一件事情，满足一个欲望，体验时用心去体验，创造时投入去创造。

为什么领导的行程和会议都安排得井井有条而又满满当当，很多人奇怪，怎么他们的精力就那么充沛呢？事实上，这样的安排，就是为了确保一段时间只做一件事情，这样既高效又幸福。

所以，欲望不要太多，欲望太多就是自寻烦恼，过多的欲望，也是无法聚焦当下的原因之一。

想要获得财富，同时也获得幸福，是有可能实现的。就像你既能学会开车的技术，又能学会遵守交通规则。当我们应用获得财富的方法，同时做到让大脑聚焦在当下，就可以实现。

财富的增加并不一定会带来幸福感的增加，而幸福感的增加，却会促进你更好地获取财富。所以，如果你想更好地获得财富，先学会获得幸福吧。

其实，我自己也是案例之一。年轻的时候迷茫痛苦，各种探索追寻，而当我真正聚焦当下做事情之后，会为自己学到了技能开心，也为自己创造过程中的灵感绽放开心，财富水平和幸福程度是同时增加的。相反，如果我没有获得聚焦当下的力量，精力不断耗散，那是没有办法写下这本书的。

正确归因：敢于纠正自己，才会越来越好

北大 EMBA 的课堂上，曹仰锋教授的《动态竞争与组织韧性》课引用过一个故事，比喻企业只有敢于朝自己开枪，才能在竞争中充满韧性。我觉得很经典，把它引用过来放在个体身上，一个人只有敢于自己纠正自己，才能不断进步。

"如果要我自己批判和纠正自己，实在无法下手"，是的，人最难的就是自己纠正自己。

2019 年，我有一个下属出现了很严重的家庭矛盾，起因是最近半年内他的工作排得非常满，家里婆媳问题严重，连孩子都出现了抑郁的状况，他精神也几乎快崩溃了。绩效中期审视的时候，我和他深聊了一次，了解他的家庭情况之后，我迅速调整了他的工作安排，把一部分重要程度低的工作交给他，同时也交代他合理分配工作时间，工作一定是干不完的，重要紧急的事情先做，多花点时间陪家人。我本以为这样的安排可以使他的状态好转，可是一段时间之后我发现他还是每天在公司待到很晚，我说你家里的问题解决了吗？他说没有，只是觉得待在公司感觉更好一些。

聊完之后我才知道，原来他内心并不想真正改变加班的状态，因为"在公司"比"在家里"更舒适，所以他宁愿加班，加班只是他应对家庭矛盾的一个方式，可以以加班来解释自己为什么不能回家调和矛盾。我后来告诉他，其实可以有一些别的办法，比如把婆媳二人分开，找一个保姆来照顾孩子，这样可能更有利于家庭和谐，但他说已经没得选择，他的这种状态都是被逼出来的。

改变之所以难，有可能是困难太强大了，我们内心不愿意为眼前出现的困难承担责任，因为如果有得选，那么就说明现在的困境就是自己选择错误

造成的，这对自我是一个很强烈的打击，所以我们干脆"没得选"。

回到财富这件事上，也是一样的道理，为什么现在穷？是因为自己的问题吗？

"不，肯定不是，我一直都没得选，是被现实逼成现在这样子的。"

"人有没有财都是上天早就注定的，每个人都有自己的天花板，跟我怎么选根本就没有关系。"

"你不了解我的原生家庭，如果出生在这样的家庭，就注定和有钱失去关系。"

"我已经足够努力了，现在大环境这么差，钱不好挣。"

人总是会想方设法地证明自己是正确的，因为把责任甩给社会、甩给空气、甩给别人都很容易，但是要承认问题是自己造成的，太不容易了。所以，自己纠正自己，难啊！

之前在华为见过一次内部汇报，一个姓王的经理向总裁汇报，总裁看得很细，问到一个收入预测的数据具体是怎么得来的，是否有风险？王经理支支吾吾半天也没答上来，尝试编一些逻辑蒙混过关，而总裁早就看透了，说："你没看过就说没看过，何必编来编去？"王经理一看混不过去了，于是说："对不起，领导，这个是我一个非常信任的下属做的数据，我基于信任的原则，就没有再细看。"总裁说："这和信任有什么关系呢？我也信任你，你为什么还要来找我汇报？你自己有那么多其他下属，你都是不信任的吗？"王经理还试图说点什么，总裁说："承认自己有问题就那么难吗？我只是想要告诉你们，业务主管要管到细节。一定要让我拍手给你鼓掌吗？"

不仅领导干部，经常普通员工开会的时候，大家也会突然吵起来，声音越来越高，后来发现早就偏离了主题，所有人的发言都不过是在维护自己的正确性。

承认自己有问题，才有改变的可能。

华为的核心价值观有一条："自我批判"，正是这条价值观，指引着华为的业务不断优化、改进，才有了持续不断的增长，任正非说："30年来我天天思考的都是失败，对成功视而不见，也没有什么荣誉感、自豪感，而是危机感。"

卓越领导力的五项修炼之一，就是"挑战现状"，只有对现状不满，才会触发下一步的行动。

稻盛和夫在他总结的"六项精进"中，就有一条"要每天反省"："每天结束之前，要对自己一天所做的事情，进行反思和反省。对照自己的准则，确认自己的言行是否是对的。这样的反省很有必要。"

反观柯达的案例，都知道柯达因为守着胶片业务，对于数字科技带来的冲击视而不见，才错失了数码相机时代而破产。可是柯达真的没有看到数码相机的机会吗？不是的，数码相片的技术是柯达自己发明的，当时管理层给的意见是："这个很漂亮，但是不要让其他人知道。"柯达的整个组织的奖金生成和分配机制都来源于胶片业务，所以根本就没有动力去应对变化，因为，谁也不愿意动自己的利益，自己批判和纠正自己。

承认自己有问题，并不是自我否定。

我之前有一个下属提出离职，他说："你知道吗？我觉得我根本就不适合职场。"我问他为什么，他说觉得自己没有办法处理好和主管的关系，因为和主管的关系处理不好，同事们也远离他，没有什么朋友，觉得没有办法适应职场。我问他是否考虑换一个主管呢，他却十分抗拒，坚持要回家休息一段时间再做下一步的打算。

我们经常会因为一点点问题就否定自己，这其实是我们内心的想象力在作怪，因为一个人难以相处，进而联想到融入不了职场，进而联想到融入不了世界。谈了一次恋爱遇到了渣男，然后就发誓再也不要谈恋爱了，一段时间缓过来，再谈一次，结果又被渣了，立马联想到果然全世界的男人没一个好的，发誓此生不再信任任何男人，极端一点的就认为自己有招渣男的体质，开始否定自己。

还有一类人容易陷入自我否定，就是过于在乎他人的评价，其实我们人生的底色本就不一样，不管你做什么，总会有人对你评头论足。你选择工作日的晚上在公司加班，有的人会说你勤奋，有的人说你就喜欢表现，你怎么办呢？你可能就会选择解释最近事情实在太多了，不加班根本忙不过来，恨不得拉一个人给你证明。一旦对方不买账，对方的评价就会被你放大，委屈焦虑的情绪蔓延开来，把自己活在他人的评价中，就会很容易丧失自我。

我们活在这个世界上的一生，非常短暂，唯有你自己的感知和体验证明你是活着的，任何人和事对你来说都是来表演给你看的，你永远要站在这个角度看待所有的事情，只需要感受这出剧演的好不好，完全不必陷入别人的剧情里去。

站在这个角度看，那么只有你自己的目标是重要的，在达成目标的路上，如果遇到了问题，就想办法接受、改正，既不放过问题也不放大问题，这才是正确的自己纠正自己。

猎人追赶鹿群，是因为心中有贪欲，其实猎人心中本也知晓自己的贪欲，有贪欲就会有贪而不得这样旷劫的烦恼，只是因为长期做猎人，思维惯性形成后难以改变。有的人在对话中，被一语叫醒，因此得悟，悟与不悟有时就在一瞬间，希望你也可以顿悟，然后改变自己，不断进步。

换个视角：改变他人的关键是改变自己

我在社群曾经收到一个朋友的来信，说她的男朋友每天回家打游戏、看电视，似乎对未来没有什么想法，更没有什么实际的规划，虽然家里收入暂时过得去，但也并不算过得很好，可从他身上完全看不到焦虑感，现在还没有结婚，要是结了婚有了孩子，各项支出迅速增大，产假期间还没有产出，到时候还完房贷就没什么钱了，可怎么办？有时候说他还不听，反倒被嫌烦。怎么才能改变这种状况？

这样的状态好像是刚毕业学生的通病，男生的焦虑感比女生来得更晚一些，一方面大学时候轻松愉快的感觉还没有消散，如果家里的经济情况没有很差，大概率会延续大学时候的状态；一方面也因为刚刚步入社会，面对庞大而陌生的世界，感到无所适从，比如面对这位朋友对未来的焦虑，男朋友也没有什么好办法，只好选择用娱乐来麻痹自己。

面对这种情况，该怎么改变呢？

与其总想着改变别人，不如先改变自己

其实改变一个人是很难的，人的心门都是自己打开。有一个老师看到美国特鲁多医生的墓志铭："有时是治愈，常常是帮助，总是去安慰。"觉得有所触动，改编成了一则教育格言："有时是启发，常常是陪伴，总是在鼓励。"连老师教育学生，都最多只能做到启发，何况我们普通人呢？

女生往往比男生成熟要早，所以更早地知道生活的意义，更早地脱离低级趣味，更早开始经营自己的人生，而且母性这一原始特征，驱使着女同胞，要努力为自己的后代营造一个良好的生长环境，而男同胞通常要等到孩子出生以后才会有这种感觉。所以，把全部的希望寄托在一个年轻的男人身上，很多时候不靠谱。

见过这么一则趣闻：

在英国威斯特敏斯特大教堂地下室的墓碑林中，有一块名扬世界的无名墓碑，上面的墓志铭如下："当我年轻的时候，我的想象力从没有受到过限制，我梦想改变这个世界。当我成熟以后，我发现我不能改变这个世界，我将目光缩短了些，决定只改变我的国家。当我进入暮年后，我发现我不能改变我的国家，最后愿望仅仅是改变一下我的家庭。但是，这也不可能。当我躺在床上，行将就木时，我突然意识到：如果一开始我仅仅去改变我自己，然后作为一个榜样，我可能改变我的家庭；在家人的帮助和鼓励下，我可能为国家做一些事情。然后谁知道呢？我甚至可能改变这个世界。"

如果你想改变你的恋人，首先要改变的是自己。这和育儿的逻辑是一样的，最好的育儿方式是改变自己，你是什么样，你的孩子就会变成什么样，你放下手机了，你的孩子自然就会放下手机。

你变得足够努力、上进了，业余时间每天都在学习积累，你的恋人大概率不会自甘堕落。当然，前文说过，人的驱动力是很难被改变的，经历一些特殊的刺激或许可以，所以如果在这个过程中，你发现他跟不上你进步的速度，反而成为你的累赘，你就可以考虑换人了，毕竟你是要托付终身的。

如果你想让身边的人亮起来，最好的办法是把自己变成光源。

学会多看优点，而不是看缺点

在华为工作十多年，我见过很多主管，但是因为华为的狼性文化，工作压力普遍还是比较大的，所以，一般领导与下属之间的对话，往往是要求、批评，最多是鼓励，很少见"表扬"。

这和我们读书面临的压力也是一样的，每次考试完，我们第一时间关注的是哪门功课考得不好，即使有些课考得很好，一点点的喜悦也会被考得坏的功课带来的负面情绪淹没，每门课考试完，我们也会首先关注我们哪些题答错了。

事实上，如果你换一个方式，你的生活就会变化很多。想一想，你和你的恋人走在一起必然是有原因的，一定是他身上有一个或多个优点吸引了你，你才会和他在一起，比如高大帅气、幽默、有才华、善解人意等，那么你就要想办法放大对方的优点。

为什么要放大优点呢？因为凡是人，必有缺点，你要找缺点，大大小小每个人都至少能找出十条，你每天盯着这些缺点，这些缺点就会不断放大，直到你们的时间都被这些缺点填满，然后很容易就过不下去了。记住，任何你关注的，都会被无限放大。

一个长期被说缺点的人，还会失去自信，自我怀疑，最终唯唯诺诺，做什么都畏畏缩缩，再也抬不起头来。毁掉一个孩子，最好的办法，就是每天说他这也不行那也不行，将来他一定是啥也不行。毁掉一个男人，也是。

怎么关注和放大优点呢？发现生活中的小细节，表扬他。当然，你要真正去感受对方好的变化，表扬具体的行为、细节，而不是虚头巴脑地奉承。表扬多了以后，他的优点就会被放大，并且一个点影响到另一个点，优点越来越多。就像孩子学习偏科了，语文学得好，数学学得不好，你不要去说他数学学得不好，就夸他学语文是怎么学的，表扬学语文的行为，自然而然数学就上来了，如果一直说他数学怎么学不好，反而语文也会学不好了。

当然，这条原则对男同胞也同样适用，你想让对方变好，就夸她的好。不管是对待别人的缺点，还是自己的缺点，都要学会接纳和原谅。不对他人，也不对自己提过分苛刻的要求，放过缺点，放大优势，才是幸福生活的真谛。

关爱自己：别忘了挣钱的本来意义

2022 年 3 月 12 日，我做了 ICL 晶体植入近视眼手术，出院后视力恢复明显，整个世界都亮堂了许多，虽然术后还需要一段时间恢复，但总算告别了眼镜。

要知道，我 1996 年就近视，初中一年级就戴上眼镜了，已有生命中有 2/3 的时间都是戴眼镜度过的，我视力恢复的时候真的有广告宣传的那种"哇喔"的感觉。

朋友圈除了点赞祝贺之外，有一些朋友却给我留言：都 35 岁了，还做这个干吗？这么大年纪了还在改变形象，有什么用？

还有一个朋友，问了我做手术的价格，然后算了一笔账，说做这个手术要花 3 万多块，相当于未来 30 年，每年花 1000 块钱，就算配 30 年眼镜，好像也花不到 3 万多。

问题来了，我们挣钱到底是为了什么？

前面曾经提过，财富自由只是成长路上的里程碑，不要冲着钱去，冲着钱去会让你陷入无尽的空虚感。

不冲钱去，应该冲着一个理想、一个目标去，要看清自己、看清世界，着眼于自己未来从事什么样的职业、做什么事业，以此来满足自己精神层面的需求，比如赢得尊重，比如实现自我价值，比如创造性地愉悦自己。

但这个过程中，我们好像忽略了物质层面的需求。物质需求也是需求啊，健康、食物与安全这些都是需求，在追求自我价值的过程中，我们往往错把财富当成了目的，却往往忽略了自己最基本的需求。

对自己好一点，挣钱才有意义。因为人是目的，不是手段。把眼镜摘掉，看得清楚一些，就是这么简单的目的。

问我"35 岁了，还做这个干吗"的朋友，会不会内心有一种想法：同样是3万多块钱,20岁做能享受40年,35岁做只能享受25年了,是不是不值得?当然,种一棵树当然最好是十年前,但是你回不到十年前,就不种树了吗?有的人买股票买在最低点,1块钱一股,有的人5块钱一股,都在10块钱卖出,那5块钱一股买的人是该高兴还是不该高兴? 1块钱一股买的人是不是就应该高兴?那我告诉你,还有人0.5块钱买的呢。每个人的情况不同,自己衡量自己就好了,不要老去和别人比。

还有一种声音是,都35岁了,很快就老了,老了眼睛又会有老年的病,还得治,现在何必花这个钱呢?这个问题让我想起一个阿姨,40岁了也没遇到合适的人,但她心里是真的很渴望有一个家的,这时候你觉得她对待爱情和婚姻应该是什么态度呢?我想,只要你心中有渴望,任何时候都不晚。任正非44岁才开始创业,褚时健74岁高龄再次创业,而你说35岁很快就老了?所以啊,尽量不要有这种心态,万一活过100岁了呢?

我小时候经常感冒,初中时候就有鼻炎了,很多年都只有一个鼻孔通气,凡是碰到可以治疗鼻炎的方案我都会尝试一下,工作之后有同事说一个叫鼻渊通窍的药管用,我吃了几次,竟然神奇般地通了,虽然还不是很彻底,但是两个鼻孔通气的感觉也真的很棒。

我31岁的时候一颗大牙坏掉,需要补牙,医生告诉我说如果补了牙,以后想要矫正就没机会了,要不要先做矫正?一开始我是不愿意做的,一方面觉得花5万多做不值,一方面自己也没有特别在意牙齿是否整齐,还认为两颗虎牙很有个性,如果没了两颗小虎牙,那还是我吗?可是我爱人却极力支持我做,说老了以后治疗牙齿更便利,而且确实会美观很多。于是我就做了,现在看来,我感觉也是值得的。

我儿子乐乐三岁的时候,对玩具车的兴趣极大,不仅认识了大多数汽车的品牌,而且在车的领域求知欲极强,经常自己要求去大马路上看汽车,发现了这一点后,我们家很快堆满了玩具车。四岁的时候他又迷唐诗,家里又挂满了很多唐诗的挂图,五岁的时候,他的兴趣又到了天文学知识,于是我爱人给他买了很多地球火星宇航员之类的玩具。后来有一个朋友说我们太惯着孩子了,而我认为在孩子的兴趣延长线上,一定要尽我们所能。

对待家里人的身体健康、精神需求,在自己力所能及的范围内,该花的钱要花。岁月不留情，时光不等人，钱只有花出去才有意义。

我强调要选择自己喜欢的职业，选择让自己愉悦的事业，底层的逻辑都是"爱自己"，说到精神层面是"选择职业"，那说到生存层面，就是"把自己的身体照顾好"。

说得再直白一点，我们挣钱干什么？不就图个乐吗？身体快乐，心里快乐。对自己好一点，挣钱才有意义。所以，不要光顾着挣钱，忘了爱自己啊！

关注身体：吃好、睡好、动好也是爱自己

2022 年 2 月我好像一直处于感冒状态，2 月底在深圳香格里拉酒店上课，更是昏昏沉沉一整天。这都怪我熬夜太多，再加上周末两天开年会，又是半夜飞行，又是早起赶着上课，作息严重不规律。

我突然在想一个问题，我在社群每天更新着财富、投资、职场这些话题，却很少讨论身体健康，这个根本的东西，竟然被我严重忽略了。如果一直消耗身体，获得再多的财富又有什么意义呢？

我想每个人都应该花一点时间，研究学习一下我们的身体，怎么吃、怎么睡、怎么动，让身体也真正在自己的掌控中。因为，我们的生命只有一次，在这个世界获得更多美好的体验是每个人的追求，健康的身体是这一切的基础。

广东省统计局局长杨洪新博士曾来北大给我们做过一次讲座，里面提到了很多百岁老人，他们每个人生活在不同的地方，有着不同的饮食习惯和生活经历，但都能长寿，有的人的秘诀是喝茶，有的人是打太极拳，这就说明长寿没有固定的模式，每个人都可能有自己独特的秘诀。

当然，这篇文章无法告诉你怎么把身体变得更健康，更无法给你带来长寿，只是希望能触动你把身体健康的重要性放到一定的高度来。

吃的重要性

夏萌老师写的《你是吃出来的》两本书，分别讲了怎么吃不生病，生病

了怎么吃，我觉得人人都该读一读，里面有很多观点会颠覆我们对吃饭的认知。

比如，从数万年前茹毛饮血的旧石器时代到现在，我们的基因结构和消化系统基本没有变化，但我们的饮食结构却有翻天覆地的变化，特别是最近这 100 年间，正是因为旧基因和新饮食的矛盾，造成很多慢病的蔓延流行。我们的老祖宗可以从自然界获取七千多种食物，而我们今天常吃的食物竟然只有五百多种了，这五百多种食物还都很糟糕。我们坐在餐桌前，端着的，竟然是营养价值极低的精米、精面和速成大棚蔬菜。

又比如，世上最好的药是早餐、午餐和晚餐。我们现在 90% 的早餐吃法都是不及格的，很多人不吃晚餐，但是晚餐的真正价值是补足全天没吃够的营养。另外，没有坏的食物，只有坏的搭配，我们很多人觉得某一样东西很好吃，到处推荐，但事实上不管一个食物品种有多好，它的营养也是有限的。我们很多人，每天早餐对付一口，午餐就外卖搞定，晚餐有时吃有时不吃，其实很对不起自己的身体，你对付它，它也就对付你，很多人生病，都是因为吃的品种太单一导致营养缺乏。

再比如，人是否聪明，和吃得好不好有很大关系，因为吃影响大脑的发育和大脑反应速度。书中有个案例，是讲一个河南籍的学生到了高中之后，成绩直线下滑，原本初中以前还是挺好的，后来发现原来是高中开始就改住校了，以前都是在家吃，后来到了学校，他省吃俭用挑的食物都是方便、便宜的食物，方便面、面条、馒头等。河南人饮食习惯中肉类本来就不多，他就不喜欢吃肉，牛奶更是不喝。结果长期缺乏营养影响脑功能导致成绩下降，甚至性格出现一些反常。所以，想要应对财富自由需要的这么多知识的消化，好好吃饭，吃成一个聪明人其实很有必要。

我最近十年的体重基本维持在 120—130 斤，2015—2017 年曾经有一段时间，体重一度超过 135 斤，奔向 140 斤，我就感觉身体有些不堪重负了，肚子会鼓起来，后来慢慢刻意控制饮食，加强运动，让身体恢复到了 125 斤左右。我觉得体重是一个很好的指标，很多病都是伴随肥胖引起的，通过科学的方法把体重控制下来，就会变得健康。

如何睡个好觉

人人都知道睡不好觉第二天会精神涣散，但怎么睡个好觉呢？怎么保证每天都睡个好觉？

有一段时间我发现正念呼吸对我有用，它的理论感觉比较简单，我们之所以睡不着，是因为我们大脑里总是有很多念头冒出来，据说人每天会冒出六万个念头，其中绝大多数毫无意义。我们时而回忆过去时而畅想未来，大脑的注意力总是忍不住被吸引，要随着念头思考，这样就睡不着了。正念就是通过把大脑的注意力转移到呼吸上，专注于身体的知觉，强行让大脑得到休息。

这个原理，我觉得其实和睡前打开一段郭德纲的相声，让注意力集中到相声上去，是一个道理，早期我也用过这个办法，听着听着就睡着了。

然而，也有失效的时候，就是大脑会提示你思考的兴奋，告诉你快把注意力转移到那个事情上去，然后就忍不住又被牵着走了，有时候甚至忍不住再次拿起手机。

圆桌派有一期节目讨论过失眠，印象比较深的是前文化部部长王蒙，他说"失眠"这个词也是从西方过来的，中国以前就没有这个词，这就是西方物质丰富之后的一种产物，以前的人可能都没这毛病。他有一个比较奇特的睡眠观，他说睡觉和吃饭是一样的，我们一顿饭没吃会叫失食吗？感觉饱的时候就不吃，感觉饿了就吃，这是人类祖先的规律。睡觉也是一样，感觉困了就睡，不困就不睡，也就无所谓失眠了。

乍一听很有道理啊，我这一次感冒好像很符合他的理论。感觉不困就不睡，白天上班，晚上看书，把大脑烧到极限，连续烧三四个晚上，想着总有一天会把大脑折磨累吧，累了就能睡个好觉了。后来，我就感冒了。我想是不是因为搞文化的人不用上班打卡，以前还没有手机，所以可以做到随心所欲地睡觉吧。

其实睡得好很大程度上是因为能够保持内心的平静，也就是我们讲的幸福的真谛，真要达到躺下就睡的境界，照顾好自己的内心很重要。比如有的人心很大，天大的事都不当一回事，自然就睡得好。

睡不好的人是急需要这种心态的，就是我在《幸福是另外一种能力》这一章节里讲到的，接受一切，因为这个世界上本就没有什么大不了的事情，反正又不会死。即使是大到要死的事情，也不会怎样，因为人总是要死的。不仅人是要死的，连地球、太阳、银河系、宇宙都是会灭亡的，还有什么不能接受的呢？

另外，以上都是从精神层面的分析，从物理层面，影响睡眠的主要是灯光和温度，这是我在卓克老师的《科技参考》中听来的。影响睡觉的主要是褪黑素，而光线对褪黑素的影响非常大，因为光线调节了绝大部分的生物节律，尤其是蓝光和紫光对褪黑素影响显著，这就是为什么很多手机要设置蓝光模式，但其实蓝光模式只能减少一半的影响，用夜间模式把光削弱到最低更加有效。当然，最好的方式是关掉手机、关掉所有的灯。

除了灯光会影响褪黑素，温度也会影响。我们大脑里面有一组对温度敏感的细胞，血液流经它们后，就能感知到准确的温度，这组细胞刚好挨着大脑中的视交叉上核，这里就是调节生物节律的。那么多少度的温度是最有利于睡眠的呢？科学家给出的答案是 18℃，但是我们现在城市普遍存在热岛效应，几乎很难有 18℃的温度，所以很多睡眠科的医生会首先要求患者把家里的温度下调 3℃。科学家还通过实验证明，在睡觉之前把手和脚的温度加热提升 0.5℃，就能明显改善睡眠，这是为什么呢？因为影响睡眠的主要是核心温度，手和脚加热后，毛细血管扩张，那么血液就会朝着四肢涌去，核心温度就降低了，因此睡前泡脚有利于睡眠，是有科学依据的。

不管是精神疗法，还是物理疗法，希望总有一种办法对你有用，愿所有的读者拥有一个良好的睡眠。

动的重要性

我弟弟生活在上海，疫情期间，几个月没法出门，那段时间一下子胖了 30 斤，整个脸都圆了一圈。在我的印象里他一直是个高高的瘦子，所以最近视频发现他胖成那样的时候，感觉简直不可思议，谁说胖是先天的。

在达利欧的《原则》一书中，讲到一个观点："进化是宇宙中最强大的力量，是唯一永恒的东西，是一切的驱动力。"这个观点其实和《道德经》

讲的一致："天地不仁，以万物为刍狗。"也就是说，自然规律对任何事物都是没有情绪的，只有"物竞天择，适者生存"的道理是永恒的。

所以，你一旦和进化系统作对就会遇到麻烦。我之前也讲过，这个世界是有规律的，顺着规律做事就会一本万利，逆着规律而行就会血本无归，比如春天播种和秋天播种，结果完全不一样。

在人类漫长的历史长河中，为了生存，必须捕食、逃生、战斗，生存始终与劳作、运动联系在一起，运动是生存的需要，我们的遗传基因和组织功能是为适应运动而完成的。虽然人类社会在发展，我们的生存需要、安全需要已经不需要大量的运动来满足了，但是人类的基因还没有进化到适应不运动、不锻炼的生命方式。所以，如果你不运动，就是在和进化系统、自然规律作对。

很多人之所以不运动，是因为现在运动和不运动体现的差别并不那么明显，也就是说你和自然规律作对的后果来得比较慢。钟南山院士曾说："一般在 30 岁或 40 岁，锻炼与不锻炼，感觉没那么明显，但当你 50 岁或 60 岁时，你会感觉不一样。"当然，年纪越大，区别更明显，你看刘德华已经 60 岁，但是和一般人的 60 岁，完全是两个状态，所以运动是一件延迟满足的事，如果你想老得慢一点，病来得慢一些，赶紧运动起来吧。

运动有很多种，有很多科学的方法，也需要学习，有氧运动、力量运动都要来一点。复旦大学张文宏教授表示："只有适度运动，才能让我们保持很好的应激状态。"如果我们一天到晚就是在家吃吃吃，那么身体里的胰岛素越来越少，免疫力也会下降。最好一周保持两次运动，具体项目，跑步、打球……自己选择，但有个基本条件，是出汗。达不到出汗的效果，像谈恋爱一样慢悠悠兜马路，不行的。

如何让自己动起来？有个比较好的建议，就是加入运动组织，比如户外跑步组织、羽毛球协会等。总之，改变环境才会改变思维、改变行动、改变结果。我的一个 EMBA 同学，女孩子，一次偶然的机会，加入深圳户外跑步组织，几个月的时间，在队友的鼓励和帮助下，很快就跑出了完美的身材，还成为戈壁挑战赛的主力队员，并且在跑步中发现了极大的乐趣。但是在读 EMBA 之前，她并不知道自己有如此大的潜力，也不知道跑步能给她带来这么大的变化。可见改变环境能给人带来多大的改变。

总之，关心自己的身体，是感受到幸福的基础。希望你好好吃饭、好好睡觉、好好运动。

营造爱意：爱，是一切问题的答案

有一次在我的社群组织大家提问时，没有想到，问得最多的竟然不是挣钱，而是怎么培养孩子？一方面很多人饱受孩子教育的折磨，一方面国家对教育行业整改之后，很多家长更迷茫了。

孩子是我们人生中最大的羁绊，如果孩子教育没有处理好，大人很难有精力去应对纷繁的世界，更别说去创造更大的价值获取更多财富了。其实这和依恋关系的原理是一样的，心里都是孩子的问题，成年人也很难发展自我。所以，有必要谈谈孩子的教育。

我曾经在朋友圈记录过孩子的表现：

乐乐 4 岁 4 个月时，就已经变成一个玉树临风、能说会道的小帅哥了。

4 年多来乐乐的成长带给了我们太多的惊喜和快乐，我爱人时常感觉自己生了一个"别人家的小孩"，我也常常从乐乐身上获得能量。

1. 认识基本的常用字，能进行简单的阅读，通过百度语音查到自己想查的东西。

2. 认识中国地图，能记住每个省的形状，知道各个省的面积大小，只看各个省的背面能够 20 分钟拼出完整的中国地图。

3. 认识世界地图，知道国家大小的分类，知道面积排名前十的国家和大小。

4. 熟悉中国朝代表，能准确说出每个朝代的年历，认识每个朝代的地图变迁。

5. 能够读懂导航。

6. 能心算 100 以内的简单加法，会用竖式计算多位数加减法。

7. 认识99%以上的车标，认识车牌号，能将车牌对应到省份。

8. 妈妈读到 line 的时候，能够问狮子的英语是怎么说的。

9. 知道比亿更大的还有兆京垓……恒河沙……

……

当然，伤仲永的场景时有发生，小时了了，大未必佳。可能有人会说，孩子长大后表现如何，还需要时间来验证。但是，我想有一些普适的道理，还是值得分享的。

作为家长，很多人心里普遍存在一个衡量教育成功的标准：考上理想的大学，孩子就算优秀，就算教育成功了。但是我想说的是，孩子在学业上的表现如何，不应该成为我们追求的目标。因为孩子在学业上的表现如何，跟你如何培养孩子关系不大，跟你自己是否学业优秀却有很大的关系，在这个目标上，我要给各位家长泼一盆冷水。

人的智力水平，绝大多数取决于遗传因素，在精子与卵子结合的那一刻，很多东西就已经确定了，7岁以前孩子生活的环境可能还能施加一些影响，但是正向影响有限，负向影响却极大。比如孩子的眼睛一直被蒙住，错过了发育的关键时期，缺少了环境刺激，就会眼睛正常却再也看不见了；3岁以前孩子生活的环境缺乏安全感，那么长大以后就会影响他的智力水平。所以在智力培养方面，父母能做的，就是营造合适的环境促进孩子大脑的正常发育。有研究表明：家庭教育对人的成长的影响上限就是能否成为一个正常的普通人，而成为一个优秀者的决定性影响是智力水平，而这个东西，基本是靠遗传。

作为父母，一定要知道成长规律和教育的本质，最关键的就是要放下焦虑，放下自己施加给孩子的各类要求，静静地等待孩子这朵花慢慢地开。

我们培养孩子的目标，不应该是学习成绩，而应该是希望他能够拥有正确认识世界、主动思考、获得幸福的能力。

前面我们讲到过人的"不安全感"，就是父母之间相处的关系，家庭营造的环境，都会被孩子装进脑子里。爸爸妈妈的情绪会不自觉地带入孩子的大脑，一旦孩子的情绪被负面的家庭关系困扰，就会影响自我的成长。"关系"

是个非常重要的概念，举个例子，你和你的老板走在一起，你们是上下级的关系，这时你就会用上下级的关系去和老板对话；你和你的父母走在一起，你就会用父子或者父女关系去对话；你和陌生人走在一起，你就会用和陌生人之间的关系去对话。你发现没有，不同的关系，你的表现是不一样的，人其实是生活在关系中的。所以，你要观察和孩子的"亲子关系"有没有问题，孩子和你说话相处的时候，他是如何对你的？要时刻注意，要做他的朋友，不要站到他的对立面，否则后患无穷。

因此，父母要做的首要工作，除了必要的安全、健康方面的管理，就是要营造一个充满爱的环境，让亲子关系变得轻松，让孩子没有负担地往前走。只有这样，孩子才会真正发展出自己的技能。

如何营造充满爱的环境？

第一，爸爸和妈妈两个人要相爱。我小时候感觉很明显的，就是父母一吵架我在学校的专注力就差，甚至害怕回家，后来发现这也是大部分同学的感受。两个人之间的坦诚沟通很重要，合适的沟通方式很重要，感受好的要说出来分享，感受不好的也要说出来，两个人一起解决。杨幂有句话："极度的坦诚，就是无坚不摧。"

第二，让孩子感觉到父母的爱，孩子开心很重要。我每次看到乐乐开心得手舞足蹈，自己也是很开心的，而且小孩开心起来，真的是发自内心的。所以，观察孩子的开心，多带他去做开心的事情，他会给你很多意外的惊喜。我也是主张夸孩子的，每当孩子学会了新的技能开心的时候，我都会给他点赞，说你太棒了、Good job、Great、Excellent、Perfect 等。

孩子的开心往往是兴趣引发的，孩子的每一个为什么，都是你帮助他更进一步认识世界的契机。千万不要应付或者阻止孩子问为什么，而是沿着他的思路去帮助他，面对每个事物，每个孩子的问题都不一样，即使第一个问题一样，在获得了同样的回答后，第二个问题也不一样。十万个为什么的阶段，正是孩子认识世界、发展兴趣，变得与众不同的关键，不要担心问题太难，沿着孩子的兴趣，他的潜力是无限的，不要拿自己的兴趣去代入。

环境是兴趣最好的催化剂，孩子对什么东西产生兴趣，往往都是从身边的环境开始的。乐乐小时候身边都摆满了玩具，长大一点家里摆了一整圈的挂图，没事他就去点，还不会说话的时候已经能认识所有的汽车品牌了，我们小的时候哪有这些东西，认知自然要慢一些。除了家里的自然环境，陪伴孩子的人也很重要，父母一定要亲自陪伴，男孩子长大后更是需要父亲的陪伴。

第三，在对孩子的管教过程中，一定要认识到他只是个孩子，有很多问题是正常现象，会不断犯错误，这是必然的，不要因此否定孩子。

成年人和孩子对话，往往会把他也当成成年人，我们和成年人对话，往往是认为对方默认就知道的，可是孩子往往要教过两三遍才知道。

另外，就是有些随着时间推移能解决的问题不要过于担心，孩子毕竟是孩子，他小的时候，拖延、贪玩、吃饭慢等都是很正常的，给他一些时间，他自然就会变好。你们有见过长大了不会吃饭的孩子吗？无非是早一点晚一点而已。

再者，就是你教给他的知识和道理，他需要时间去消化。我们成年人学知识还需要复习巩固呢，孩子的成长过程中更是需要，就像禾苗一样，要的是等待的耐心而不是不停地拔苗。我记得赵玉平教授讲过一个事情，说他给孩子讲了 24 遍数学题，孩子还是不会，讲完他自己一个人跑到阳台待了几个小时，生了一肚子的气，孩子却美美地睡了一觉，但是第二天起来孩子就全会了。

总之，发自内心地爱孩子，让他感受到你对他的认可，一定会给他巨大的能量和前进的勇气。

再回到我们的终极目标，希望孩子能够拥有正确认识世界、主动思考、获得幸福的能力。

我们想要教会一个人某样东西，首先是自己得会啊，我们很多家长自己过得一塌糊涂，活得不明不白，如何教孩子？要知道，父母是孩子的镜子，孩子其实就是父母的复印件。

比如，父母天天玩手机不学习，天天逼着孩子学习不玩手机，孩子会很困惑的。

父母责骂孩子，过不了几天，孩子就会拿同样的话骂回来。

所以，首先你要自己能正确认识世界，能主动思考，有足够的智慧和获得幸福的能力。现在反问一下，你有这个能力了吗？我想大多数人都没有，所以现在孩子出现问题，不要急着责怪孩子，先责怪自己。一定要告诉自己："孩子身上有问题，100% 都是家长的问题，一定要见不贤而内自省也。"

如何才能获得这个超级能力呢？那就是不断学习、不断精进！我们不断进步，孩子就会不断进步，你给这个世界带来越来越多的惊喜，孩子就会给你带来越来越多的惊喜。父母的言行和眼界，才是孩子的人生起跑线。

生命不息，学习不止，把自己过通透了，孩子自然而然就变好了。

以我的观察与经历，再结合书里的很多案例，在陪孩子成长的过程中，家长最难以做到的，还是去掉对孩子能力成长过高的期望。2020 年，悉尼大学政治哲学系讲师卢拉·费拉乔利（Luara Ferracioli）提出一个论点，说无忧无虑，对孩子来说，是美好生活的内在要求。

记得有一次，乐乐请教我一个知识，我讲着讲着，发现他故意开玩笑逗我玩，一开始我希望他能专注地听我讲完，于是我说："别调皮了，好好听着。"结果他不听，我说你要不听我就走了啊，他说："别，别，我听。"可我再讲的时候，他又不听了，继续开玩笑，我就不说话了，但我发现仍然没用，索性跟他一起开玩笑，他更加开心了。

我曾看到某幼儿园群里老师发了一个 PPT，名字叫作《我们能拥有孩子多少年？》，里面没有直接写我们具体能拥有孩子多少年，只写了几个扎心的片段："孩子 6 岁就要上小学了，他的人生从此就开始了新的篇章，他开始习以为常与父母分开的生活，甚至学校变成他更喜欢的生活；12 岁他也许就开始住校了，一个月或者几个月回一次家，他开始不再依赖，开始慢慢不需要你；18 岁，他离开你去上大学，一年回家两次，从此你最怕听到的一句话是：'妈妈，我不回家吃饭了，你们自己吃吧。'22 岁大学毕业后，孩子工作忙起来，你发现你们不仅见面是一件很难的事情，甚至打一个电话都成了你的盼望。再后来，孩子有了自己的家，他的一家三口已经没有你了。"

我想起，龙应台的《目送》里的那一句话："我慢慢地了解到，所谓父女母子一场，只不过意味着你和他的缘分就是，今生今世不断地目送他的背影渐行渐远。"

所以，上天赐给你一个孩子，最本质的是陪伴，就是携手走过一小段时光,时光无法倒流,过去了就只能永远过去了。希望这一小段时光,让快乐充满你们的小屋,让幸福充盈每一天,让未来他的人生路上充满着美好的回忆,让他在感到所有的路都行不通的时候,还有一条路可以畅行,那就是回家的路。

写的是孩子,说的也是你呀。

活出真我:有趣的灵魂万里挑一

2022年6月,新东方带货的直播间开始火了,这真是一件令人颇感欣慰的事情。当我看到十多万人同时在东方甄选直播间听董宇辉讲段子的时候,我看到了人们渴望知识、渴望被关注被理解的情绪。那个"买它、买它"的直播间,人们是需要的,因为我们依然需要生存,希望用更少的钱买到更多更好的物质,但是一个六七亿人共存的平台,总该要有更高层次的追求,多一些董宇辉,我们才会变得越来越美好。

我们需要那些真正用心感受这个世界的人,需要更多有趣的灵魂,用语言、文字,去唤醒那一颗颗麻木而苍白的内心。我也希望,我的读者除了能找到兴趣去追求财富的同时,都能热爱生活,都能真切地感受世间的美好,都能向这个世界贡献更多有趣的人生。

苏东坡的快意人生

我读苏东坡,最大的一个感受,不是他的豁达,不是他的才华,而是他真正地在用心生活。他的诗词直抒胸臆,尽情尽兴地表达,没有一丝丝隐藏。他的所见所闻、他的喜怒哀乐都在他的文章、他的诗词里,他真正在做一个对世界表达感受的人。

我想请你欣赏几首他的诗词,在文字的画面里感受他的所见所感。

第一首是他刚到密州上任没多久写的《蝶恋花·密州上元》:

灯火钱塘三五夜,明月如霜,照见人如画。帐底吹笙香吐麝,更无一点尘随马。

　　寂寞山城人老也！击鼓吹箫，却入农桑社。火冷灯稀霜露下，昏昏雪意
云垂野。

　　这首词上半阕写了他在杭州任职时的上元节景象，当时的杭州是富庶之
地，上元节的夜晚灯火通明，明月的光照在地上，想起李白说的地上霜，在
明月和灯火的掩映下，人面如画般清晰。帐底吹笙香吐麝一句尽显杭州城内
富人们过节的繁奢情景，更无一点尘随马，则把杭州城的干净、湿润点缀的
恰到好处。而下半阕转而到了密州，同样是上元节，立马就变了，不仅山城
寂寞，人也老了，好不容易听到一点击鼓吹箫的声音，却是到农桑社去祭祀的。
相比起灯火通明的杭州，密州变成了火冷灯稀，相比起南方的温暖，密州变
成了北方的霜露。不仅如此，阴暗昏沉的乌云笼罩着大地，老天已经有点要
下雪的意思了。

　　你看，苏东坡从杭州来到密州时，经历了从南方的富庶与热闹到北方的
萧瑟和苍凉，他感到了些许落寞，对这种感觉丝毫不加掩饰，描写景色从天
到地，由远及近，所有的画面、元素都在他的眼里，所有的感觉都在他的心里，
流入他的文字里，让我们感觉那么真实，那么能引起共鸣，这就是认真生活
的人展现出来的鲜活的生命。

　　第二首是在被贬黄州后的一首《临江仙·夜归临皋》：

　　夜饮东坡醒复醉，归来仿佛三更。家童鼻息已雷鸣。敲门都不应，倚杖
听江声。

　　长恨此身非我有，何时忘却营营？夜阑风静縠纹平。小舟从此逝，江海
寄余生。

　　这首词写的是苏轼在东坡喝醉了，回到住处，时间也记不清楚了，仿佛
是三更吧，结果家童已经熟睡，敲门也敲不醒，只好走到江边听江水声。一
边听，一边就在想，一入官场，就已经身不由己了，什么时候才能忘却追逐
功名啊？在这万籁俱寂、水波不兴的夜晚，真想坐只小船，从此消逝，在这

江河湖海中度过余生。

此时的苏轼经历了人生的高峰，在考试中获得过北宋前无古人，后无来者的"贤良方正能直言极谏科"第三等。宋仁宗说："我今天为子孙得了两个太平宰相。"说的就是苏轼、苏辙两兄弟。官场辗转十几年，苏轼又经历了乌台诗案，在狱中差点被吓死过去，后来被贬黄州，住在城南长江边上的临皋亭，开垦了一片荒地取名叫"东坡"，修了个屋子取名叫"雪堂"，这段时间他的内心中有些许的憋屈和愤懑，但是又看透了官场的尔虞我诈，已经不想在这些功名利禄中浪费时间，最后一句"小舟从此逝，江海寄余生"写出了他的旷达和真性情。

第三首是离开黄州后写的一首《定风波·南海归赠王定国侍人寓娘》，

常美人间琢玉郎，天应乞与点酥娘。尽道清歌传皓齿，风起，雪飞炎海变清凉。

万里归来颜愈少，微笑，笑时犹带岭梅香。试问岭南应不好，却道：此心安处是吾乡。

在与好友王巩的宴席上见到歌伎柔奴后，苏东坡非常欣赏，说真羡慕人间如玉般雕琢的男子（夸柔奴的同时还不忘了夸一把好友），上天也怜惜他，赠予他凝脂般光洁细腻的美女相伴，大家都说那女子歌唱得好，人长得美，小风一吹啊，就像炎热的夏天突然飞来一阵冬雪，整个世界都清凉了。她从万里之外的岭南归来，这么多年过去容貌反而更加年轻了，微微一笑时，仿佛还带着岭南梅花的清香，我问她："岭南这么远，是不是不适应？"她说："我心安定的地方，就是我的故乡。"

整首词都在表达对柔奴的喜爱之情，毫不掩饰，也不因为他是好朋友的歌伎就有所收敛，相反还各种夸张，连"炎海"都变清凉了。不仅说她长得漂亮，歌唱得好，连内在的人品都是极好的。苏轼夸的是柔奴，其实说的也是自己，他自从母亲去世离开老家眉山之后，便再也没有回去过老家，如果不是这种随遇而安的豁达心态，又何以在艰难困苦的环境中把日子过成了诗呢？

苏轼经典的诗词还有很多，有中秋佳节思念弟弟的《水调歌头·明月几时有》，有悼念亡妻王弗的《江城子·十年生死两茫茫》，有雨中漫步的《定风波·莫听穿林打叶声》，有月下徒步的《记承天寺夜游》，有咏史的《念奴娇·赤壁怀古》，有颇具哲理的前后《赤壁赋》……

我用了两个月的时间读了他的传记和经典诗词，期间，我似乎又跟着他活了一次，他所看到的和感受到的丰富的世界呈现在我的眼前，仿佛让我看见了一千年前的画面。

表达你的感受，活出真正的自我

其实我们每个人的人生都与苏东坡一样，所有的先贤、所有的偶像其实都一样，每个生命都是鲜活的。我们和他们一样，体会着事业的起起伏伏，体会着家族的兴衰成败，体会着个人的成长痛苦，每个人的人生，都是值得记录的人生，希望你也能让自己真正的、有血有肉的在这个世界上存在过。

刘德华出道40年后，在抖音发了一个片子，吐露他40年的心境："1981年很平常的一天，那天天气很好，我正式出道了，后来的故事我想你们都知道了。"接着用粤语模仿大家对他的呼喊"喂！刘德华你是巨星哎""你好帅啊"，随即继续说："但是，你们有没有想过，我也是一个普通人，我会哭的，怎样？男人哭吧不是罪；我也很笨，我做每一样事情，都需要练习很久，你们看到的每一幕，只是一个普通人叫刘德华，每天辛辛苦苦工作的结果。40年了，庆祝，当然要庆祝，但不是庆祝一个人红了40年，是庆祝一个人，认认真真地工作了40年。"

我的人生中，同样经历了很多人、很多事，我喜欢把这些平淡日子里的感受，写成一篇篇小诗，记录我生命中的那些元素，言语随心，文字随意，或歌颂、或怀恋、或迷茫、或感激……我想挑几篇来和你分享：

有一天出差坐在飞机上，在朋友圈看到一篇关于我家乡的报道，里面拍了很多照片，有很多我熟悉的农村场景，让我想起生活了十多年的老家。于是，在飞机上陷入了回忆，写下了这首《家乡》：

没有到不了的远方，
只有回不去的家乡。

不知村后那条通向世界的小路，
如今变成什么模样？
不知承载着童年快乐的小河流，
是否还有鱼虾游漾？
篱笆上那些鲜艳多姿的喇叭花，
还朝着杏桃开放吗？

外婆家带回的竹根，
发起片片竹林把红薯挤到一旁。
选出婀娜的那一枝，
做成钓竿走向屋前小鱼塘。
妈妈背着药水桶，
若隐若现在棉花地旁。

爸爸垒起的小楼，
替代了四十年青砖芦苇的老房。
一年一年的时光，
带来又带走一墙贴不下的奖状。
砍掉的柿子树啊，
还剩了树根叫我不要遗忘。

清晨屋檐的露水，
不知何时已落地成霜。
午睡门板为凉席，
林里藏的知了却烦人叫我起床。
晚风吹弯了烟筒，

一碗油盐豌豆在玻璃球上飘香。

小学五年的校园，
听说后来成了养猪场。
六年级的超常班，
水塔旁小教室随奥数成了过往。
初中的班主任老师，
牵挂在心却已多年不曾去看望。

就在上学的路上，
我踩着自行车启程。
踩过了张丰村，
踩过了夏场街，
踩过了拖市河，
踩过了汉北桥，
……

没有到不了的远方，
只有回不去的家乡。

　　我的老家是一栋年代非常久远的房子，听爸爸说 1968 年就建好了，外面是青砖，里面没有墙壁，用芦苇和泥巴糊成几堵墙隔成了左右两个卧室和中间一个堂屋。我在这间小屋里长大，有许多对这个屋子的回忆。
　　屋前的菜园、农田，屋后通往集市的小路、滋养几代人生活的小河流，都有我抹不去的记忆。
　　我在老家读完了小学、初中，一路奔跑，再也回不去了家乡。

　　北大 122 周年校庆之时，朋友圈开始接力祝母校生日快乐，有几个在北京的同学回到母校看望老师，再访校园，同学群里大家也开始纷纷应和，

MBA 同学还计划在当月组织一次班聚，于是我写了一首小诗《致北大时光》，表达我的离愁和思念：

> 未名碧水盈盈，湖畔春光凝凝，我独不得见。
> 遥忆当年同窗，欢声笑语满课堂，更才华无双。
> 一时别离后，几多念与愁。
> 辗转山水间，年华如水逝。
> 只愿相知无远近，千里共良辰。

乐乐出生后的第一个母亲节，我和母亲、丈母娘还有爱人都聚在一起，但是当晚我就要出差南宁，在去往机场的路上，有一些遗憾，也有一些感动，我是第一年做父亲，乐乐的出生让我感觉到自己更加充实、更加重要。于是我写了一首《母亲》送给她们：

> 依稀可见夕阳下麦田里板车旁，
> 手舞镰刀挥汗如雨的你。
> 艰难的岁月在你年轻的脸上，
> 留下一道道苍老的皱纹。
> 我就这样在你的呵护下，
> 一步步离开村子里小河前的家。
>
> 小生命的降临带来您生活的突变，
> 四个月的成长离不开您的悉心照料。
> 看似弱小的身躯，
> 却用一身淡定和从容撑起烈日和风雨。
> 隐约看见那过往的三十年，
> 您端庄地秉持着一个温暖的家。
>
> 我的娘子啊，

也已辞去姑娘的时代，

再没有早睡晚起的好日子，

再没有悠闲的下午可以试遍喜欢的衣服。

白日里深夜里短暂的睡眠中，

孩子的一声啼哭会让你本能地醒来，

多少次看你俯下身去，

轻吻孩子的脸蛋闻那一身奶香味，

我也不禁偷笑出声。

你们教会我再大的苦难也能战胜，

你们教会我什么是爱，

你们让我感到安心和温暖，

你们是我幸福的源泉。

第一段写给我的母亲，是她辛勤的劳动与细致的呵护让我长大；第二段写给我的丈母娘，她用小小的身躯支撑起了我爱人的成长，又开始全身心照顾乐乐；第三段写给我的爱人，她完成了从女孩到母亲的转变，辞去了悠闲的生活，迎来了充满了麻烦的快乐。最后一段是她们带给我的安心和幸福，送给伟大的母亲们。

乐乐三岁多时过端午节，我们带着他到红树林去玩，这对他来说是故地重游了，他一岁时我们从北京飞到珠海，又从珠海坐高铁到深圳，那时他已经能够追着气球跑了，但他肯定不记得了。回家后，我想起来我像乐乐这么大时，爷爷还没去世，印象中的爷爷带着我满村跑，那时农村的光景怕是小时候的乐乐很难再见到的。感叹之余，我写了一首小诗《三岁半的端午节》：

罐头瓶盖儿做成了镲，

我在前头把爷爷拉，

敲到村西又向东发，

瓜果田里，鸡鸭嘎嘎嘎，
不知道已错过了家。
小河里来的风啊，
拂过稻田，惊了青蛙，
压弯了芦苇和黄花，
竹林的清香，慌了的树丫，
欢乐了后门口乘凉的爸妈。

红树林各色的小花，
不记得两年前我说过的话，
壁虎盘树往上爬，
老树根上，不敢放开妈妈，
跑累的我给爸爸导航回家。
阳台妈妈养的花，
低头看楼下学校贴的话，
略过了高楼，红绿黄灯在变化，
太阳在躲藏，乌云找晚霞，
我讲话爸妈笑哈哈。

第一段是写我小时候的端午节，我和爷爷在村里游荡，玩累了回到家，在我家的后门口休息。我用了一个"风"，让它从远处吹过来，按由远及近的顺序把它经过的元素串联起来，包括稻田、青蛙、芦苇、黄花、竹林、树丫，构筑了一幅真实的农村画面。

第二段写乐乐小时候的端午节，地点变成了深圳的红树林，同样是玩累了回家，他坐上车，学会了导航。我用了一个"花"，赋予它一个拟人的视线，按照由近及远的顺序把视线经过的元素串联起来，包括学校、高楼、红绿灯、太阳、乌云，构筑了一个真实的城市的画面。

两代人的端午节，光和影都在变化，是我们时代的变化，也是我们家族的变化。

其实写几首小诗并不复杂，我们普通人不是专业的诗人，也自然不必追求诗的专业，只要把那些看到的、感受到的元素写下来就好了。

比如，有一天我们带着乐乐到西安的一个温泉酒店去泡温泉，那一天没有工作的烦扰，我躺在温泉酒店的躺椅上，写了一首简单的《阳光下》："白云悠悠处、燕子徐徐行、柳叶轻轻舞，小娃乐乐吟。"从阳光所在的最高处往下看，先是白云，下一层是燕子在飞行，再往下一层就是柳树，再往下就是泡温泉的我们了，于是从天到地、从高到低、从物到人描述一番，就有了这首简单的小诗。

又比如，有一年秋天回到四平，我们和乐乐在老姨家的院子里玩耍，秋高气爽天气很好，刚刚下过雨，乐乐穿上了秋天的新衣服，我看到他和妈妈玩得很开心，于是写了一首《秋日里》："秋日更胜春潮，有信凉风来贺，雨后泥泞路辙，我家潮童乐乐。"其实就是按照时间、地点、人物的顺序，加上感受到的那些美好的形容词，把这些元素连接起来，就会有一个很好的意境。

再比如，有一年圣诞节前夜，我出差从北京飞杭州，又无法和家人团聚，并且第二天要去讲课，落地当天我去理发，发现白头发仿佛又多了一些，晚上看到乐乐在家里能给妈妈洗脚了，真是开心，于是我把这些事情和感受写进了《菩萨蛮·圣诞平安》："青丝白发多几许，岁岁圣诞；今又圣诞，杭州不似北京寒。一年一度平安夜，不能相聚；总会相聚，母慈子孝合家欢。"这首词就是凝聚了当天发生的一些事情，用了《菩萨蛮》的词牌结构串联起来。

当然，如果你不会写诗，依然可以表达的你的所见、所闻、所感，只要简单、真诚地表达就好了。我之前讲过日常写作的一个常用逻辑就是：见感思行，见到了什么，有什么样的感受，引发了什么样的思考，以后会有什么样的行动。就这么简单地表达，足矣。

2022 年 6 月，光华管理学院院长刘俏教授在毕业典礼上，对北大即将走入社会的才子们说："我希望大家终身学习，养成阅读和写作的习惯。"真正的阅读是抛弃自己的一切意图与偏见，随时准备接收突如其来且不知来自何方的声音（卡尔维诺语），就像博尔赫斯写过的那样——"静静的书架上堆放着各种图书，那宁静的怒吼在其中的一册内沉睡。它沉睡着等待。"你也必须去写，写你所经历的、所看见的、所热爱的和所失去的。不需要成为作家或是诗人，只需要去真诚表达。坚持阅读和写作，这些无用之用不能给你带来财富，但会让你更有价值。

当你阅读时，你张开了怀抱，接受表达者的馈赠，当你写作时，你袒露了心声，面向世界做一个表达者。你对这个世界敞开胸怀的时候，这个世界也会拥抱你。

愿以此与诸君共勉！

后　记

　　本书的成书时间是 2022 年 9 月，断断续续写了接近一整年，基本上把我过去学习、工作十几年过程中的一些关键感悟和启发讲清楚了。本书的整个逻辑框架，经过了五个大版本的迭代调整，主要目的是为了让这些文章能更加有效地被读者看到，启发更多的朋友过上更好的生活。

　　当然，本书也有许多不足之处，比如这些文章串联在一起并不能构成一个闭环的系统，事实上我一开始的逻辑是按照系统逻辑来设计的，然而在不断地编排中，我发现要把每个模块都讲透，需要设计非常长的篇幅，并且对受众来讲可能产生像读学术著作一样较大的压力。另外，这本书毕竟不是教材类，所以我在纠结中思考了一段时间，后来在北大 EMBA 的课堂上，曹仰锋老师说："你们上过的课，二十年后只要还记得课堂上的一两句话，这一门课你就没白来，没有人有办法把一门课的知识全部学会。"我最终下定决心调整成了当前这样的结构。

　　另外，对于读者而言，由于每个人的经历不同，知识体系不一样，而知识的学习、能力的成长都是需要触角的，一部分读者可能会认为这本书写得非常浅显，很多内容不说也知道；另一部分读者可能会认为书中的很多内容会让他们有醍醐灌顶的感觉。所以，与其纠结全文的系统性，不如让它像阅读浅显的小说散文一样轻轻松松，这样反而会让更多的人有更大的启发和收获。同时也提醒大家，读此书时，尽可能保持轻松愉悦的心态，感和悟比理解与辨析更为重要。

本书的时代背景与意义

到了后记，我首先想交代一下这本书写作及成书时的时代剪影，尽管在从下笔到成书有近一年的时间，很多事情的发生我并没有预料到，但环境变化对本书的阅读并不构成影响，相反，在新的环境下，我感觉这本书的意义可能会更大：

·2021 年 1 月 25 日，世界经济论坛"达沃斯议程"上，有过这样的论断：人类正在遭受第二次世界大战结束以来最严重的经济衰退，各大经济板块历史上首次同时遭受重创，全球产业链供应链运行受阻，贸易和投资活动持续低迷。各国出台数万亿美元经济救助措施，但世界经济复苏势头仍然很不稳定，前景存在很大不确定性。

·2022 年 2 月 24 日，俄乌战争爆发又对世界经济产生严重的冲击，2022 年 9 月，战争仍在持续。

·2022 年，我国 16-24 岁人口调查表明失业率呈现逐月增长态势：从 5 月份的 18.4%，到 6 月份的 19.3%，再到 7 月份的 19.9%，青年人群的失业率再创新高。

·2022 年 8 月 26 日，任正非在华为内部发了一篇文章《整个公司的经营方针要从追求规模转向追求利润和现金流》，火遍全网，一句"把寒气传给每一个人"，在酷暑将消的日子里提前刮了一股冷冽之风。

·2022 年 8 月 31 日，美国政府命令芯片厂商 NVIDIA（英伟达）停止向中国销售部分高性能 GPU，根据路透社报道，另一家 AMD（超威半导体）也收到了相关的禁止命令。

总之，疫情、战争、经济衰退、国际局势变化等环境充斥和影响着我们的生活。从瑞·达利欧的《原则2：应对变化中的世界秩序》（这本书出色而深思熟虑地阐述了经济周期和帝国兴衰周期的本质，虽然与本书的内容关联度比较小，但我仍然推荐你完整而详细地阅读，它会让你对这个世界秩序的变化有着更加高维的视角）一书中，可以知道，在大国的兴衰周期中，除了贸易、技术、地缘政治、资本、军事五类显性化看得见的战争，还有文化战、自我交战两类容易被忽略的形式也在明里暗里发生，比如世界第一强国从荷兰过渡到英国，从英国过渡到美国。

总体来讲，就像我国领导人说的："当今世界正经历百年未有之大变局。"美国处在第一的位置，中国处在第二的位置，目前正在努力增长，这一事实无法回避，并且这一状态将持续很长一段时间。所以任正非说："未来十年应该是一个非常痛苦的历史时期，全球经济会持续衰退。"

在这样的时代背景下，未来十年，对于我们大多数人来说，都将经历前所未有的体验，因为过去三四十年我们一直处在和平、健康、增长的环境中，我们习惯了每个月按时发工资，习惯了 GDP 和房价的持续增长，但是历史周期告诉我们，未来可能要变了。

顶级风投红杉资本发布 52 页报告《Adapting to Endure》，对当下备受关注的全球经济形势进行示警，谁能存活下来？答案是适者生存："最终并不是最强大的物种存活，也不是最聪明的，而是最擅长对变化做出应对的会存活下来。"经济衰退的背景下，具备投资属性的资产会大幅缩水，全球消费能力下降，生意变得越来越难做，这些都将成为我们不得不应对的变化。

对于我们个人来说，应该要保持充裕的现金流、减少不必要的投资和消费。除此之外，我们要做的，就是不断提升自己，让自己变得更有价值，这样才能棉袄加身穿越寒冬，并能在春天来临的时候乘势而起。

我想，这也是本书能够给你的最珍贵的东西，帮你在寒冬时带来一丝暖意，在春天来临之前为你鼓足勇气。如果你是刚入职场不久的少年，那么本书第一章的内容可以帮助你早一天认清职场的本质，不断精进你的能力，早日成为一个有独立价值的人；如果你是久经职场的老兵，感觉到自己的瓶颈，本书第二章的内容可以启发你尽早开始整合自己的人生，早日觉醒，找到自己的使命；如果在成长的过程中，你感到迷茫或者疑惑，那么本书第三章的内容或许可以帮助你解决很多困惑，让你回到你的天命之路上去。当然，不管位于哪个阶段，只要你真正花时间认真看我写的文字，我相信一定能给你带来新的启发。

瑞·达利欧在他的《原则1》和《原则2》里都在不断地强调："进化是宇宙中最强大的力量，是唯一永恒的东西，是一切的驱动力……"进化不仅仅以生命的形式存在，科技、语言等一切都在进化。经济、政治、财富、企业、个人等一切都在进化……就像生物存在生命周期一样，历史通常也是通过相对明确的生命周期，随着一代人一代人的过渡而逐步演进的。从高维视角上看清楚这一点，就知道一切都是有周期的，再来看现在处于什么样的周期，就知道如何做出更加符合规律的决策。

我似乎看到了瑞·达利欧发现这个规律时的激动，但我很快意识到这个道理中国人很久以前就讲过了，比如《周易》全篇讲的六十四卦，通过六十四卦的组合，反映六十四种不同的事务、情境、现象以及特定环境下的人生哲理，还有大自然的运作法则。每一卦都会有六爻和爻辞，以及三百八十四种对应的状态，透过这些变化就可以知道世间万物的运作以及人生的哲理。比如乾卦的六爻，分别揭示了人发展的六种状态，从初出茅庐到最终功成名就，每个状态下的卦辞又给出了这个阶段需要遵从的一些法则，比如是在乾卦的初爻，就要"潜龙勿用"；在事业上升期，就要"终日乾乾，夕惕若厉，无咎"，就是说虽然事业蒸蒸日上，但要早晚勤奋谨慎，不要有一点疏忽懈怠，不要犯错误；在九五期，也就是飞龙在天了，那就要"利见大人"。

再比如《道德经》第四十章说："反者道之动。"意思是事物发展到了极限，就要走向它的反面，这是道的运动规律。所以"有无相生，难易相成，长短相形，高下相倾，音声相和，前后相随"，这些矛盾的双方都是可以相互转化的，所以"祸兮福之所倚，福兮祸之所伏"。

也就是说，尽管我们可能将经历漫长的寒冬，但是春天一定会来，明白这一点，我们就依然要对未来充满信心，我在《学会做选择：你的人生是你选出来的》一文中说过："只有对未来充满希望，牌局才会给你希望。"

同时在寒冬中有很多人可能会经历很大的变故，工作的人会发现失业率越来越高，工作越来越难找，创业的人会感到生意越来越难做，投资的人会发现各类资产大幅缩水，这些都可能让人经历难以承受的生命之痛，但是我希望你不要被这些苦难打倒，而是要坚强地挺着，启动或者保持深刻思考，让自己变得更加强大，直到春天到来。我在《远离苦难：正确认识和面对苦难》一文中说过："经历苦难或者逆境，可以使人重新审视生命的意义，产生全新的观点看待世界、自己与世人，进而思考应该如何与这个世界相处，潜能得以激发。"

我的后续计划

在寒冬之中，我也将继续努力精进自己，围绕我们生活的方方面面，延续我的研究、学习和实践。本书的内容重点讲述了个人职业成长的本质，未来一段时间我可能会深入搞清楚更多的事情。我非常希望我的第二本书能够尽快与大家见面，不过受限于时间和精力，暂时无法确定具体的日期，同时是否以书籍的形式出现，也可能会根据情况调整。具体的精进方向可能会聚焦在以下六个方面：

一、幸福的本质

我在《平静专注：幸福与财富没有必然关系》《聚焦当下：幸福是另外一种能力》两个篇章，已经初步提到了幸福的本质是什么，以及如何才能获得幸福，但阐述还不够深入。大多数人脑袋里对于幸福的概念是一种物质享受，因为得到某个物品感到开心，或是因为受到某个人的认可青睐而感到开心，从而以为那就是幸福，但很明显把幸福寄托于外物，是没有办法获得持久的幸福的。

《哈佛幸福课》一书中，有过深入的分析："创造财富不一定会让个体幸福，但是，它的确能够满足经济发展的需要，经济的发展确保了社会的稳定，社会的稳定又为关于幸福和财富的虚幻观念提供了传播的体系。"我并不否定我们对于物质和认可的追求，只是这些外物对我们的幸福的影响是有限的。今天随着经济发展，大部分中国人已经有足够的经济能力，但是大部分人并不幸福。

毕竟我们来这一世，其实就是为了获得持续的幸福体验，把时间都认认真真地浪费在美好的事物上。如何做到这一点，这件事情的研究、学习就变得非常有必要了。

二、教育的本质

我的两个儿子正在马不停蹄地长大，成为我和爱人生命中最重要的人。我们和众多父母一样，希望他们未来能够健康、幸福、强大，虽然在《营造爱意：爱是一切问题的答案》之中简单提到了对孩子的培养，但显然还不过瘾，只是讲了一点点道的层面，只能简单启发到作为父母的读者，没有法、术、器层面的内容，还无法形成有效的指导，而且即使是道的层面，我对儿童的成长规律的学习依然有限，我们只有掌握了足够多的规律，沿着规律做事才会取得成功。

虽然市面上有很多儿童教育的书籍和课程，但是一方面我认为自己研究一遍讲出来才能算是真正学会，另一方面有很多和我一样成长背景的人，他们可能需要更加贴近他们生活的指导。

三、婚恋的本质

婚姻、恋爱、爱情的本质是什么，是这本书尚未提及，但是这个话题在我们的生活中其实是非常重要的，迄今为止我也经常会有处理不好夫妻关系的时候。这或许要分成两个章节来写，因为婚姻是两个人携手相伴走完一生的事情，如何能够长久维持亲密关系，这个命题和谈恋爱差别很大，并且婚姻涉及两个家庭，涉及孩子，涉及财产的传承，比恋爱要复杂得多。

但是在如今这个时代，谈恋爱又成了婚姻的入口，《被劫持的私生活：性、婚姻与爱情的历史》一书中提道："在人类 430 万年的历史中，一夫一妻制的时间只有 6000 年。而将爱情视为婚姻基础的这个念头，从产生到现在——不到 200 年！"婚姻、爱情与性，这三个不相干的东西，就这样凑合到一起来了，变成了我们现在已经根深蒂固的观念：如果你爱一个女人，那你就应该娶她，然后，一辈子和她一起。

幸运的是，恋爱给了现代人试错的机会，比起过去没见过面就要结婚过一辈子的情况算是进化了一步。但是恋爱阶段，人与人之间的吸引是怎么一回事？男人和女人本质上有什么不同？是靠什么在吸引？比如基因遗传方式的差异和大脑结构的差异造成了男人和女人有很大的不同，同时也带来了很多问题。

只有搞懂了这其中的规律，才能更高效地找到适合自己的伴侣，也能更好地与对方相处，这个话题也是很多年轻朋友非常关注的。

四、健康的本质

本书中有一章节《关爱自己：吃好睡好动好也是爱自己》讲了希望大家在需求层次的最底层学会爱自己，而我自己本身其实也做得不好，现在仅仅能做到规律运动，运动的底层逻辑是身体通过用进废退的原理来保持肌体的活力，这和大脑健康的逻辑是一样的，我现在每个月跑 10—15 个五公里，每天打底 100 个俯卧撑、100 个仰卧起坐，对自己基本还算满意。而我身边的大多数人是不运动的，或者说是不爱运动的，所以在运动方面可能最需要解决的问题是如何让大家动起来。

我在睡觉方面做得不好，睡眠是身体健康最重要的部分，因为身体大部分器官是在睡觉休息的过程中恢复活力，如果睡个好觉，吃饭和运动都补个回来的。睡眠中最关键的是失眠，而失眠的本质是丧失了意识的控制权，是生命能量的过度损耗，睡眠的本质是自我对意识的主宰和控制。最好的睡眠时间还是要早睡早起，而我现在因为看书写文章基本都是在下班后，所以经常熬夜到很晚，甚至有一两个晚上会通宵不合眼，这其实是非常不利于健康的，这个习惯得改，如果能把看书写作的时间腾挪到早上可能是最佳的，慢慢来吧。

因为睡觉晚的缘故，我的上班时间卡得非常紧，所以早餐通常不能保证多样性，有时草草填填肚子了事，有时甚至不吃。吃饭的本质是为身体补充必要的营养，保持营养的均衡，所以夏萌老师说："人每天要吃够 20 种食物。"现在大多数人的问题是要么吃得太多导致肥胖，要么为了美丽吃得太少缺乏营养，减肥减到胃痉挛，其实是过犹不及。

我还算好的，我爱人自从 2021 年开始照顾两个孩子，吃、睡、动这几方面基本都不能保证，不仅影响她的身体，有时候也非常影响心情。还有我的两个儿子，大儿子吃饭很差劲，小时候就得喂到嘴里才吃，长大了吃饭也不积极，大脑非常灵光但是身体一点儿也不愿意动；小儿子却完全相反，只要见到吃的眼睛就发亮，小小的身体想尽办法向食物靠拢，不给就要哭，运动天赋极好。同一个妈生的，在吃饭和运动这两件事上差别竟然这么大。

如何在繁忙的工作与操劳中保持大人和小孩身体的健康，这个知识，其实也是一个刚需。

五、社交的本质

本书很少谈及社交，尽管我经常提到环境对人的思维的影响非常大，但是环境对人的影响不单单是社交层面的，我强调的环境是电视剧《天道》里提到的文化属性，也就是一群人一起走形成的一种默契。为什么我不谈社交呢？因为社交的本质其实是价值交换，在你的价值没有提升到一定程度之前，社交对你来说没有太大的意义，除非你要在社交方面有所建树，而在你的价值提升上来之后，你也不再需要通过刻意的社交来建立意义感。

我们在社交场合经常遇到各类问题，本质上都是自己给自己找的茬。会不会出现"问题"，在你沟通之前就已经确定。比如我在工作场合非常怵酒局，第一是我不太能喝酒，喝一点点就脸红，而且曾经因为严重的酒精过敏进过医院，一个不会喝酒的人，在酒局上有时就会非常尴尬；第二是即使我喝一点酒，在酒桌上往往是一群人听一两个人海阔天空侃大山，有时候不好意思不去，一坐就是一晚上，其实很没意思。后来想想，既然在这个局上我没那么重要，又何必纠结去不去呢，把这点时间用来看书、写作、请教、交流等，提升点价值感，不是更好吗？

但是，我们生活在中国整体的文化属性里，大环境毕竟是农耕文化发展起来的熟人社会，很多时候熟悉的关系可以让事情变得极其简单。"关系"和"能力"，有点像感性和理性的关系一样，理性很厉害，可以通过逻辑思考解决很多问题，但感性直达！感性比理性力量强得多，因为人类的理性产生于大脑前额皮层，而在漫长的人类历史中它进化出现得很晚。总之，我们无法忽视熟人关系。在北大张闫龙老师《社会网络与战略领导力》的课程里，对领导力的定义是：领导力 = 心力 + 思想力 + 社会力。社会力是领导力重要的构成，这门课讲到了一个词，叫作"网络掮客"，也就是社会网络中连接紧密的节点人物，善用网络掮客让组织竞争力倍增，而忽视网络掮客将置组织于险境。而且，大多数成功人士，都是某一张社交网络的节点人物。

所以，该以什么样的心态对待社交，如何构建和处理好自己的人际网络关系，也是非常值得研究的话题。

六、投资的本质

我曾经在知识星球写过几篇投资相关的文章，主要是研习各个大师的投资方法，后来慢慢暂停了，因为我越来越觉得，投资对普通人来说只是锦上添花，不建议花太多精力，普通人首要保证的是千万不要在自己对股市的认知不足之前，带着自己的全部身家进入，将所有希望寄托于股票，这种情况，99% 以上你会成为韭菜。要知道，即使是身经百战的专业投资者，很多都没有挣到大钱，顶尖的基金经理也有经常翻车的时候。

但是，当你的资产达到一定规模，投资又变成一件离不开的事情，所以普通人应该如何投资，还是要提前学习很多方法并实践的。金李老师在《中国财富管理导论》课堂上讲了　个问题，那就是中国人的钱在逐渐增多，但是财富管理的意识、方法和价值观都是欠缺的，所以拥有千万粉丝、号称保护韭菜的财经博主温义飞，一门课能卖出一万多份。

很多人理解投资就是炒股，而事实上资产配置才是最关键的一步，金李老师也在他的《中国式财富管理》一书中给出了一个标准普尔家庭资产象限图，这个图被认为是成熟市场上一种可以实际操作的、合理稳健的家庭资产分配方式，它把钱分成了保命的钱、要花的钱、生钱的钱和保值升值的钱 4 类，针对每一类资产的配置和投资策略给出了要点，值得参考。这是一点财富管理的基本认知，90% 以上的人都没有学习过。

说到二级市场的投资策略，巴菲特、利弗莫尔、彼得·林奇都在美国的股市中写下了他们的传奇，并留下了价值投资、趋势投资、蜡笔理论等经验，虽然这些经验他们都选择倾囊相授，但是炒股的人却从来不学习，这是多么遗憾的事情。此外，这些高手的武功，也没有办法直接使用，还要结合中国的国情来匹配，比如香帅老师《香帅的金融学讲义》一书中说道："巴菲特和芒格的成功虽然和个人的智慧、能力、眼界都密切相关，但是追本溯源，对趋势坚定不移的把握和追随——投资美国增长时代和全球消费时代，才是其核心的制胜之道……中国的价值投资和美国市场信奉的价值投资不可能是一回事……中国经济高速增长的价值最高程度地反映在哪里呢？房地产。"这就相当于在提醒我们，一方面要学习马克思主义，一方面又不能僵化地执行马克思主义。

有人说，投资是成功人士的最后一份职业。投资这件事情，既然逃不开，不如早一点开始学习。

也许有人会质疑，一个人把其中一件事情弄清楚已经非常不容易，怎么可能搞懂这么多东西？但我却相信复利效应，只要肯投入，就一定会有拐点出现。另外，我也相信，一个人不仅语文可以很好，数学、英语、物理、化学、生物、历史、地理、政治也可以同时很好。

其实不仅如此，我还有通读中国史与世界史的想法，我还有走遍中国和走遍世界的愿望，还有……

我认为，一个人还是要有一点梦想，只有心想，才有可能事成。

未来的路上，我希望有更多优秀的朋友能够携手进步。你可以给我提出困惑，给出建议，也可以一起学习，一起玩耍……

只要你愿意和我一起探索、一起行走，那么，欢迎你靠近我。

致　谢

创作本书时，由于工作调动的原因，我大部分时间在郑州龙子湖畔的公寓，而我的家人却远在深圳。我最要感谢的是我的爱人李紫铭女士，她对家庭全方位的照顾让我毫无后顾之忧；我也要感谢我的父母和我爱人的父母，他们养育了我们，并依然在对这个世界创造价值，他们像万千父母一样，平凡而又伟大；感谢我的两个儿子张栩为和张栩熙，他们身上的灵气与个性，给了我很多创作的灵感。

感谢在写作过程中在社群与我不断互动的群友们，他们的支持鼓励着我不断前行，也为本书提供了很多素材和启发。感谢在日常交流中给我带来启发的同事、同学和朋友，他们是师寒寒、王慧、吴泽、吴邱、魏珊、白晓斐、杨栋、王若薇、刘健、宋玉川、张飞、沙一文、瞿文心、詹辉强、王佳钢、周健、何梦婷、张剑锋、徐海鹏、游梦婷、李坤阳、喻赛花、刘磊、范霞、陈钧略、苏永炎、唐金志、江振等。

同时感谢为本书的顺利出版付出努力的朋友们，他们分别是高栋、徐文贤、吴睿、宋晓璐、韦艾玲、刘彬、陈琼、吴泽、吴兴文（伯父）、庞强、任民、唐小兴、何黎、黄振荣等。

感谢过去 36 年，出现在我生命中的所有美好的灵魂，正是与你们偶然和意外的相遇，造就了本书。